裂隙膨胀土
渗流模型研究

Study on Seepage Model of Fissured Expansive Soil

汪为巍　陆海军　著

华中科技大学出版社
http://www.hustp.com
中国·武汉

内 容 提 要

　　膨胀土是一种具有显著胀缩性的土体,对外界环境特别是水的变化非常敏感。膨胀土遇水膨胀、失水收缩,极容易产生裂隙,这种性质对工程结构的安全性有重要影响,容易导致各种工程地质问题和灾害。本书以膨胀土为研究对象,分别研究膨胀土裂隙扩展规律;研究膨胀土脱湿干燥后微观结构变化,分析其微观机理;通过室内降雨入渗试验研究裂隙膨胀土渗透特性;研究膨润土在填埋场底部衬里系统中的应用,通过静态平衡吸附试验确定采用酸活化膨润土、颗粒活性炭及氧化钙改良的衬里土壤材料对垃圾渗滤液中重金属的吸附能力以及吸附参数值。

图书在版编目(CIP)数据

裂隙膨胀土渗流模型研究/汪为巍,陆海军著.—武汉:华中科技大学出版社,2022.2
ISBN 978-7-5680-7955-6

Ⅰ.①裂⋯　Ⅱ.①汪⋯　②陆⋯　Ⅲ.①裂隙-膨胀土-渗流模型-研究　Ⅳ.①TU475

中国版本图书馆 CIP 数据核字(2022)第 030542 号

裂隙膨胀土渗流模型研究　　　　　　　　　　　汪为巍　　陆海军　著
Liexi Pengzhangtu Shenliu Moxing Yanjiu

策划编辑:王一洁
责任编辑:陈　骏　周江吟
责任监印:朱　玢
出版发行:华中科技大学出版社(中国·武汉)　　　电话:(027)81321913
　　　　　武汉市东湖新技术开发区华工科技园　　　邮编:430223
录　　排:华中科技大学惠友文印中心
印　　刷:武汉市洪林印务有限公司
开　　本:710mm×1000mm　1/16
印　　张:9.75
字　　数:191 千字
版　　次:2022 年 2 月第 1 版第 1 次印刷
定　　价:89.80 元

前　　言

膨胀土在世界范围内分布极广,迄今发现存在膨胀土的国家有 40 多个,遍及六大洲。我国是膨胀土分布最广的国家之一,先后在 20 多个省、市和自治区发现膨胀土,其总面积在 10 万平方千米以上。由于膨胀土的性质不稳定,这种不稳定的性质对基础建筑工程建设有强烈的破坏作用,所以膨胀土及其工程问题一直是岩土工程和工程地质研究领域中世界性的重大课题之一。

膨胀土主要由蒙脱石等亲水性黏土矿物组成,对气候和水文因素有较强的敏感性,这种敏感性对工程建筑物会造成严重的危害,如垃圾卫生填埋场中,膨胀土衬垫层和覆盖层会因水分蒸发出现开裂而失效,从而造成严重的污染问题。膨胀土颗粒组成中黏粒含量超过 30%,且蒙脱石、伊利石或蒙-伊混成等强亲水性矿物占主导地位。膨胀土的"三性"(胀缩性、裂隙性和超固结性)对其强度都有强烈的影响,使得膨胀土的工程稳定性极差。

本书以膨胀土为研究对象,分别研究膨胀土裂隙扩展规律;研究膨胀土脱湿干燥后微观结构变化,分析其微观机理;通过室内降雨入渗试验研究裂隙膨胀土渗透特性;研究膨润土在填埋场底部衬里系统中的应用,通过静态平衡吸附试验确定采用酸活化膨润土、颗粒活性炭及氧化钙改良的衬里土壤材料对垃圾渗滤液中重金属的吸附能力以及吸附参数值。本书的第 1 章、第 2 章、第 3 章、第 4 章、第 6 章由武汉轻工大学汪为巍副教授撰写,共 15.1 万字;第 5 章由武汉轻工大学陆海军教授撰写,共 4 万字。

本书主要针对裂隙膨胀土开展渗流模型试验研究,内容系统全面,资料详实可靠,具有较深刻的理论研究和工程实践意义。

本书的撰写主要得到以下课题的支持。

(1)国家自然科学基金项目(11602183):膨胀土裂隙演化三维分布特征及渗流特性研究。

(2)国家自然科学基金联合基金重点项目(U20A20320):长江中游固废填埋场生态污泥覆盖屏障系统失效机理与安全调控。

本书在撰写过程中受到很多帮助,在此向所有提供帮助的人表示感谢!

由于时间仓促,书中难免存在不妥之处,敬请读者批评指正。

著　者

2021 年 10 月

目　　录

1 绪论 ·· (1)

1.1 导言 ··· (1)

1.2 膨胀土裂隙研究现状 ·· (2)

1.3 膨胀土结构特征研究现状 ··· (7)

1.4 分形几何在土体微结构研究中的应用 ································ (10)

1.5 裂隙膨胀土渗流特性研究 ··· (11)

1.6 主要研究内容 ·· (13)

本章参考文献 ·· (14)

2 原状膨胀土裂隙发育模型试验研究 ·· (22)

2.1 引言 ··· (22)

2.2 试验土样与研究方法 ··· (22)

2.3 膨胀土平面裂隙图像处理 ·· (24)

2.4 原状土土样表面裂隙发育形态研究 ···································· (30)

2.5 原状膨胀土裂隙三维空间分布特征 ···································· (34)

2.6 原状膨胀土干缩开裂微观结构变化特性 ······························ (37)

2.7 本章小结 ··· (41)

本章参考文献 ·· (42)

3 重塑膨胀土裂隙发育模型试验研究 ·· (44)

3.1 引言 ··· (44)

3.2 土样均匀性对裂隙发育的影响 ·· (44)

3.3 裂隙发育的温度敏感性 ··· (47)

3.4 裂隙发育的尺寸效应 ··· (48)

3.5 不同厚度下膨胀土裂隙扩展规律 ······································· (52)

3.6 不同干湿循环次数下膨胀土裂隙扩展规律 ·························· (60)

3.7 不同膨胀土裂隙的三维空间分布扩展规律 ························· (64)

3.8 膨胀土干缩开裂微观结构变化特性 ···································· (67)

3.9 干湿循环裂隙膨胀土电镜试验研究 ···································· (79)

3.10 本章小结 ·· (83)

本章参考文献 ……………………………………………………………（85）

4 裂隙膨胀土渗流模型试验研究 ……………………………………（86）

4.1 引言 …………………………………………………………………（86）

4.2 不同裂隙发育阶段膨胀土降雨入渗试验 …………………………（86）

4.3 不同压实度裂隙膨胀土降雨入渗试验 ……………………………（93）

4.4 不同初始含水率裂隙膨胀土降雨入渗试验 ………………………（97）

4.5 裂隙模型的建立 ……………………………………………………（101）

4.6 降雨入渗引起膨胀土边坡的暂态渗流场 …………………………（105）

4.7 本章小结 ……………………………………………………………（108）

5 活化膨润土在垃圾填埋场衬里中的应用研究 ……………………（110）

5.1 引言 …………………………………………………………………（110）

5.2 温度与土壤固体颗粒浓度对衬里土壤材料吸附重金属的影响 ……（111）

5.3 垃圾填埋场衬里的设计与模型试验研究 …………………………（124）

5.4 温度梯度作用下污染物在衬里中迁移的数值分析 ………………（138）

5.5 本章小结 ……………………………………………………………（145）

本章参考文献 ……………………………………………………………（147）

6 结论与展望 …………………………………………………………（148）

6.1 结论 …………………………………………………………………（148）

6.2 应用前景和展望 ……………………………………………………（150）

1 绪论

1.1 导言

膨胀土及其工程问题一直是岩土工程和工程地质研究领域中的重大课题之一。膨胀土是一种具有显著胀缩性的土体,其矿物成分以蒙脱石为主。膨胀土对外界环境特别是水的变化非常敏感。膨胀土在遇水或者湿化的情况下体积发生膨胀,在干燥失水情况下体积发生收缩,并且容易发育裂隙。膨胀土的这种性质对工程结构的安全性有重要影响,容易导致各种工程地质问题和灾害发生,比如地面开裂、滑坡、地面沉降和地基失稳等。

通常从以下三个方面来描述膨胀土的特性。①膨胀土的胀缩性。膨胀土的胀缩性主要指"吸水膨胀,失水收缩"的性质。其中,土体内部蒙脱石的含量决定了膨胀土膨胀量的大小,是膨胀土特殊性质的主要物质基础。膨胀量是用来衡量膨胀土的膨胀性的指标。膨胀土在受到一定外部荷载作用时,会产生膨胀力。膨胀量和膨胀力都可能导致相邻建筑物发生安全事故。此外,膨胀土的性质还受到微结构的影响。②膨胀土的裂隙性。膨胀土的土体膨胀产生裂隙,因此膨胀土的裂隙性和其膨胀性之间的关系十分密切。膨胀土的裂隙主要可以分成原生裂隙和次生裂隙。原生裂隙是膨胀土在失水收缩过程中产生的裂隙。次生裂隙是由于膨胀土的内部不稳定性产生的,这种内部不稳定性包括土体内部不均匀移动或者在边坡开挖时引起的土体内部应力的释放。③膨胀土的超固结性。超固结性通常是由于山地土壤的侵蚀以及次生固结作用和胶结物质的陈化导致的超压密作用形成的,也可能是由于土体长期受到水的饱和与浸润作用而产生的。它导致土体产生较大的水平位移或强度的减弱,不利于土体的稳定。

膨胀土在天然状态下常处于较坚硬状态,对气候和水文因素有较强的敏感性,这种敏感性对工程建筑物可能造成严重的危害。膨胀土给工程建筑物带来的危害既表现在地表建筑物上,也反映在地下工程中,成为浅表层轻型工程建设的全球性技术难题,引起了各国学术界和工程界的高度重视。首届国际膨胀土会议于1965年在美国召开,每四年一届;国际工程地质大会、国际土力学及基础工程大会等都将膨胀土工程问题列为重要的议题;英国、美国、中国、日本和罗马尼亚等国都先后组织力量专门研究膨胀土的工程性质,制定有关的规范;这些举措充分反映了各国对膨胀土工程问题的高度重视。

目前学术界对于膨胀土遇水情况下的膨胀变形问题的研究相对较多,但是关于膨胀土收缩特性的影响研究较少。膨胀土的干燥失水收缩和开裂同样会引起工程的安全问题。当膨胀土收缩到一定程度时,收缩产生的裂隙会在很大程度上削弱土体的强度。近些年来,由于全球干旱与极端干旱气候的频繁发生,在膨胀土分布较多的地区,因地基土收缩沉降导致房屋、桥梁、道路、水库大坝等基础设施破坏受损的报道层出不穷,膨胀土导致的工程问题造成了巨大的经济损失[1]。冯研等[2]研究膨胀土地区路基下地基的物理力学特性与沉降变形,得出了可采用超固结法沉降计算方法进行沉降分析的结论。杨小明等[3]研究发现,裂隙面的存在会显著降低膨胀土边坡的稳定性,因为裂隙的存在会加速雨水入渗,导致滑坡等危害的发生。在膨胀土地基的隔离系统中也存在干缩开裂问题,如垃圾卫生填埋场中膨胀土衬垫层和覆盖层会因水分蒸发出现开裂而失效[4];核废料地质处置库中核废料的衰变发热会使膨胀土缓冲回填材料发生干缩变形甚至开裂,进而危害核废料储库的安全运营[5]。由此可见,膨胀土干缩开裂诱发的工程地质问题十分严重,危害巨大。

需要指出的是,受到工程地质和水文地质条件的影响,自然界中膨胀土的分布范围及厚度存在明显的差异性,这种尺寸效应在一定程度上会影响膨胀土的工程性质(尤其是干缩开裂特性),然而这方面的问题常被人们忽视。因此,加强关于尺寸效应对膨胀土干缩开裂特性影响的研究,系统地分析膨胀土在不同尺寸下的裂隙发育规律,对指导膨胀土地区的工程防灾减灾具有重要的理论意义和社会意义。分析膨胀土体积干缩过程与裂隙发育过程的内在联系,有助于我们更好地掌握膨胀土裂隙的形成机制,为防治膨胀土可能造成的工程地质问题提供参考。

1.2　膨胀土裂隙研究现状

1.国内研究现状

膨胀土在中国的已知种类多、分布范围广、影响面积大。我国学者对膨胀土进行了长期的研究,在膨胀土干湿循环以及裂隙分析等方面取得了一系列的成果。

膨胀土的膨胀和收缩机理可以从膨胀土物理学理论和矿物学理论两个角度加以解释。①膨胀土的物理力学理论认为,膨胀土膨胀的原因是膨胀土和水受到外力作用。当膨胀土处于非饱和状态时,膨胀土吸水时土壤表面的张力和毛细管势能均发生变化,引发土壤内部颗粒的弹性效应,最终导致膨胀土体积增大。膨胀土的物理化学理论认为,膨胀土膨胀的原因是物理和化学变化。这一理论认为膨胀土中存在一个膨胀土-水系统,在膨胀土-水系统中,膨胀土的表面在水的作用下会产生复杂的物理和化学变化,进而导致膨胀土的膨胀。②矿物学理论认为,矿物的结构、晶格和组成均会对膨胀土的力学性质产生一定的影响。膨胀土颗粒表面可交换阳离子的组成对颗粒表面有很大的影响,决定了阳离子的分离、交换容量大小和离子水化强度,直接影响膨胀土的膨胀性和收缩性。

(1)干湿循环作用。

学术界早就注意到干湿循环作用对膨胀土的影响。在实际工程中,膨胀土造成的破坏具有反复性和长期性的特点。研究干湿循环条件对膨胀土的影响,有助于认识与防治极端气候条件下因膨胀土干缩开裂、崩解破坏造成的工程地质灾害。唐朝生等[6]为研究干湿循环过程中膨胀土的胀缩变形特征,分别开展了控制吸力干湿循环试验和常规干湿循环试验,研究发现土样的膨胀速率随干湿循环次数的增加而增大;在干湿循环过程中,土样膨胀率的大小在一定程度上取决于土体的吸湿能力。芮圣洁等[7]通过常规的室内直剪试验,发现含水率和干湿循环对膨胀土强度有重要影响,裂隙的发展是干湿循环作用下膨胀土强度降低的主要原因。吕海波等[8]通过对南宁地区原状膨胀土进行干湿循环试验,发现膨胀土抗剪强度随干湿循环次数增加而衰减,最终趋于稳定;并通过压汞试验测定了膨胀土干湿循环过程中的孔径分布,发现干湿循环作用会不可逆地削弱土的粒间联结,使土体内部孔隙体积增大;当土体处于高含水率时,土体内部主要表现为集聚体间孔体积增大,当土体处于低含水率时,主要表现为集聚体内孔体积增大,这种结构特征使膨胀土的抗剪强度降低。

(2)膨胀土干缩特性。

膨胀土干缩特性是指膨胀土在失水后体积减小的特性。李志清等[9]进行了不同初始状态条件下膨胀土的收缩试验,得到收缩变形规律,认为收缩特性与土样的干密度没有直接关系,但是与土样的初始含水率成反比例关系,并且得到了膨胀土干缩过程中线缩率与含水率的关系。唐朝生等[10]通过室内试验研究了压实土样在恒温条件下的干燥收缩特征,试验结果表明,土样的体积收缩变形随着土样初始干密度的增加而减小,随着初始含水率的增加而增加,并且还提出了土样干缩应变与初始含水率、干密度之间的关系。汪贤恩等[11]以合肥膨胀土为研究对象,进行了不同初始干密度下饱和土样的干缩试验,试验结果表明,试验过程中土样体积的测量存在一定误差,依靠仪器进行的质量测定比较精确,拟合出孔隙比-含水率曲线,进而求得缩限,将收缩试验与吸力试验相结合,得到了土-水特征曲线。栾茂田等[12]对非饱和重塑土进行干缩试验,发现在土体干燥收缩过程中,土体的基质吸力是不断增大的,当基质吸力增大到某一特定限值后,基质吸力的继续增加不会影响土体收缩,并且将非饱和重塑土的干缩过程分为弹性收缩阶段、弹塑性收缩阶段和缩限收缩阶段。

膨胀土干缩性表现为体积收缩,土体在失水干燥收缩过程中会产生干缩裂隙,裂隙会破坏原有土体的整体性,为水的入渗提供通道,降低土体强度和稳定性。胡东旭等[13]利用CT探测仪对原状膨胀土裂隙进行扫描,获得干缩裂隙图形,并用MATLAB编写程序对图像进行定量分析,发现沿轴向方向的裂隙面积受干湿循环的影响较小,可将裂隙发育定义为三个阶段,即裂隙酝酿期、裂隙快速发育期、裂隙平稳发展期,得到土样裂隙面积、高度与体积变化之间的关系。李亚帅[14]研究了降雨作用下膨胀土裂隙变化规律,利用程序定量分析面积裂隙率并观测土样裂隙发展形态以及深度,发现土体的裂缝深度、裂缝形态参数、裂缝面积率随时间推移而逐渐增加。袁权等[15]采用收缩应变方法分析了水分蒸发条件下边界约束对干缩裂隙的影响,试验结果表明,无边界约束时,干缩变形的不均匀性小,存在边界约束时,容易出现干缩裂缝,裂缝深度受土体弹性模量和收缩系数的影响。唐朝生等[16]研究了温度对土体开裂的影响,发现土体开裂时的临界含水率随温度的增加而增加,即土体开裂时的临界含水率作为土体开裂时的临界参数并不是恒定的,土体是一种复杂的三相多孔介质,在失水时,土颗粒排列状态、孔隙结构都会发生变化,因此土体干缩开裂是一个动态过程。赵亚楠等[17]进行了膨胀土的收缩开裂试验,结果表明,干缩裂缝受含水率、温度影响较大,裂隙的长度和宽度服从对数正态分布,裂隙面积服从负指数分布,交点服从均匀分布。杨松等[18]测定了3种液体的表面张力和2种土样的表面接触角,进行膨胀土土样的干缩开裂试验,结果表明表面张力越小的土样,干缩开裂的裂隙率越小,接触角越大,干缩开裂的裂隙率越小。

唐朝生等[10]指出膨胀土失水收缩具备形成裂隙的条件,并通过试验说明表面弱点处首先出现裂隙,该过程主要受吸力和抗拉强度控制。马佳等[19]通过试验观察到土体在脱湿条件下裂隙发育过程,描述了裂隙演化随时间的主要变化,并提出预测土体裂隙变化、发展全过程的可能性。申科等[20]利用称重拍照系统和图像处理程序,得出蒸发速度、含水率梯度、土样的水分蒸发量是影响裂隙发展的关键因素的结论。张家俊等[21]采用光栅图像矢量化技术对裂隙图像进行处理,发现影响裂隙张开程度的关键因素是含水率梯度,膨胀土裂隙总面积扩大、总长度增加说明裂隙在干湿循环条件下会渐渐发育。

(3)膨胀土裂隙发育与微观结构。

膨胀土裂隙的形成过程与膨胀土微观结构和干燥过程中的内应力发育状态有关。

裂隙观测方法有拍照法、压汞法、电阻率法、CT法、超声波法等。王军等[22]用拍照法定点记录了裂隙图像,观测了裂隙发育的现场,拍照法操作简单,可以直观地反映裂隙变化,但会受到人为因素影响。压汞法[23]~[27]是常用方法,操作简单,利用汞的非浸润性,在外界压力作用下使汞注入孔隙,这个过程可以看作是非浸润相代替浸润相的物理过程,能得出平均孔隙分布但不能得出裂隙结构。电阻率法[28]可以在一定范围内监测土体裂隙动态发展,测试简单,可操作性强,可多次重复。龚永康等[29]根据测量得到的电导比值变化来分析土体裂隙发展,该方法在反映土体裂隙发育上有一定可行性。CT法[30]可以在不破坏土体的情况下全方位、动态地观测裂隙发育,由于仪器设备贵,目前应用范围较小。袁俊平等[31]用CT三维重建图像反映裂隙从出现到逐步发育最后贯穿土体的全过程,并提出用变异系数作为描述膨胀土裂隙发育的指标。蒋运忠等[32]实现了利用MATLAB软件对CT图像进行三维重建,得到膨胀土裂隙的三维重建模型图。超声波法是根据不同的超声波声速来反映土体内部结构。

袁俊平等[33]通过合适的灰度处理远距光学显微镜观测系统得到的图片,得出灰度熵可以表征裂隙发展过程的结论。易顺民等[34]在研究膨胀土裂隙的分形特征时用到了分形理论,同时说明分形维数和膨胀土强度指标的相关性良好。潘科等[35]通过处理膨胀土的数字图像得到了膨胀土的裂隙率和分形维数,有利于快速地定量化分析膨胀土裂隙。李雄威等[36]基于二值化图像自动化统计了膨胀土表面裂隙的分形维数,为进一步研究膨胀土的裂隙性提供了有效途径。沈珠江等[37]提出把空间的黏土裂缝问题简化为轴对称问题,并进行理论分析,证明该方法是实用的。

随着观测手段的不断改进,人们对膨胀土的裂隙特性的研究由最开始单纯的定性分析,发展到现在的定性定量相结合的分析,但目前对定量分析方面的研究仍有待深入。

土力学奠基人太沙基最早提出土的微观结构概念,而电子技术和扫描电镜技术的产生则使得土的微观分析进入系统的发展阶段。周宇泉等[38]用河海大学研制的微观结构系统,对黏性土微观结构变化进行定量分析,对于导致填料压缩性偏高的因素进行了详细分析,还研究了微观结构的特征参数,为黏性土的压缩性分析提供了一种可行思路。王宝军等[39]利用GIS所提供的面积和体积的两种计算方法,对于SEM计算土样孔隙度的差异性进行了分析和比较,得出了在二维图像中计算孔隙度受阈值的影响较大,而三维图像的孔隙度与实际情况更接近的结论。唐朝生等[40]利用SEM图像,通过改变阈值大小、扫描点位置、放大倍数等参数,对土体孔隙率和土体颗粒形态的维数进行了研究,发现当阈值较小时,土的孔隙参数更符合实际情况,当阈值较大时,土颗粒形态更具代表性。

膨胀土的裂隙发育是其因水分蒸发而导致收缩过程中的重要特征,膨胀土工程的失稳破坏最初往往就是由膨胀土的裂隙发育引发的,因此研究膨胀土裂隙特征对防治膨胀土干缩开裂引起的工程失稳破坏问题具有重要意义。唐朝生等[40]在室内试验的基础上,采用数字图像处理技术,结合裂隙网络几何形态特征,提出了一整套裂隙量度指标,认为裂缝率和裂缝网络的节点个数、块区个数可作为描述裂隙形态结构以及几何特征的基本指标;通过对比和定量分析不同厚度、不同干湿循环次数以及不同土质成分等条件下的黏性土干缩裂缝网络,发现上述因素的差异均会对裂缝率、裂缝网络的分形维数以及节点个数、裂缝条数、裂缝长度和宽度、块区个数、块区面积等定量参数产生一定影响。胡东旭等[13]对原状膨胀土进行干湿循环的CT扫描试验,从重建的三维体系中提取裂隙信息,研究了膨胀土在降雨与蒸发过程中的胀缩裂隙演化规律,以裂隙体积定义了符合Logistic函数变化规律的扰动函数,可用于预测裂隙在土样中的发展及分布情况,并为裂隙膨胀土的渗透特性以及整体与局部的应力应变的有关研究提供参考。

2. 国外研究现状

在膨胀土的干湿循环研究方面,Albrecht等[41]研究了干湿循环对膨胀土渗透性的影响,研究发现,随干湿循环次数增加,渗透系数也会增加,其原因是膨胀土内部裂隙数量的增加。Dong等[42]通过直剪试验发现,在干湿循环过程中,土的压缩指数会增加,膨胀土的胀缩裂隙主要在干缩过程中产生。Desai[43]指出,湿胀干缩对土体有显著的扰动作用,在该扰动过程中,裂隙逐渐萌生、发育及稳定,并提出了由裂隙体积和累计干缩体系定义的扰动函数。

现有的研究大多集中在裂隙几何模型、开裂计算模型的构建以及裂缝网络的定量分析。Horgan等[44]和Chertkov等[45]以若干与裂隙发展相关的几何参数设定为基础,构建了土体裂缝生成模型,所建模型可以模拟裂缝的形成和发展过程。Tang等[46]控制温度使膨胀土产生裂隙,定义了不同含水率下的裂隙网络,并获得了膨胀土土样表面裂隙率。Chertkov[47]研究了膨胀土裂隙网络的曲折性,基于裂缝的深度、平均间距等参数建立了模型,实现了对膨胀土裂隙网络几何性质的预测。

土体干缩开裂通常会相互交织形成复杂的裂隙网络结构。定量分析裂隙网络,并获取相关形态参数,对研究土体裂隙具有重要意义。

计算机技术和数字图像处理技术实现了高效的裂隙网络定量分析,是裂隙网络分析的新发展方向。计算机技术与数字图像处理技术的结合,实现了裂隙网络分析的高效化、精确化。Millem等[48]将裂隙强度因子引入土体开裂程度的评价体系中。Pouya等[49]研究了土体开裂过程,用有限元方法研究裂纹的萌生和扩展。

1.3　膨胀土结构特征研究现状

土的微观结构是影响土体强度、变形、渗透等工程特性的内在因素,也是影响膨胀土工程性质的重要因素。20世纪60年代末期,随着扫描电镜(SEM)和透射电镜(TEM)等仪器的发展以及数字化图像处理技术的应用,人们对土的微观结构的认识更进一步,通过微观试验研究认识到土体许多工程特性的本质。

自1925年太沙基提出土的微结构概念和思想以来,大量学者[50]~[51]对岩土材料的微结构进行了研究和探讨,提出许多岩土材料微结构模型,强调研究土的微结构的重要意义,正是基于对红土、黄土、膨胀土以及冻土等特殊土的微结构研究,认识到导致各种土的力学性质具有较大差异的原因是各自不同的微结构,并指出采用宏观和微观相结合的途径对认识土的基本特性和建立土的结构性模型等具有重要作用。1973年微结构国际会议的召开,表明了当时人们对膨胀土微结构研究的重视程度。

(1)微结构测试方法分类。

目前学术界已研制和发展了大量的微结构测试方法,如压汞法、扫描电镜分析法、磁化率法、声波法、渗透法、气体吸附法、X射线衍射法、计算机断层分析法及微结构光学测试系统等。国内外大量研究成果表明:电镜扫描图片可以定性分析土中孔隙分布状况,而压汞仪数据可以定量表示土中孔隙的体积分布状况。压汞法是定量研究微观孔隙结构最常用的一种方法,它测定孔径的范围较其他方法更为广泛,一般可测量的孔径范围为 4 nm～200 μm,可以反映大多数材料的孔隙结构状况[52]。因此压汞仪法(MIP)和电镜扫描法(SEM)相结合是研究土的微结构变化的有效方法[53]~[55]。

(2)微结构测试方法应用。

微结构测试方法在分析土体微观结构中已经得到广泛应用。高国瑞[56]~[57]对黏土矿物叠片体与其工程性质的关系做了较多的研究。Delage 和 Lefebvre[58]利用压汞仪(MIP)和电镜扫描(SEM)研究了原状 Champlain 灵敏性黏土在不同的固结压力下的孔隙变化特征,试验表明土样在压力增大的过程中,最先压缩的是集合体之间的大孔隙。廖世文[59]、李生林等[60]通过对膨胀土微结构的研究,得出了膨胀土的胀缩性和强度特性在很大程度上取决于膨胀土的微观结构特性的结论。张梅英等[61]实现了利用扫描电镜对土体在受力过程中的微结构进行观测的动态试验。谭罗荣[62]提出了一个评价膨胀土微结构定向度的公式。

目前,微结构的研究已经发展到定量研究阶段,现在的问题是定量研究如何向简化测试手段的方向发展,以便为工程所用。施斌等[63]开发了土体微观结构 DIPIX 图像处理系统,并利用该系统对膨胀土击实土样微结构 SEM 图像进行分析研究。刘小明等[64]对在各种受力下的拉西瓦花岗岩破坏断口的微结构进行了电镜扫描,分析了其微观破坏形貌特征和微观破坏力学机制之间的关系。黄俊[65]用压汞法分析了泥炭土在固结过程中孔隙结构变化的状况,及其经过改良后在加固过程中微细结构变化情况。胡瑞林等[66]用自行研制的微结构图像处理系统对黄土在静、动载下的微细结构 SEM 图像进行了研究分析,解释了黄土宏观变形的微结构控制机理。赵永红等[67]对不同荷载作用下,细砂岩的加、卸载扫描电镜图像进行了数字散斑相关处理,分析了其表面微裂纹的分布情况。卢再华、陈正汉等[68]研制了能和 CT 机配套使用的非饱和膨胀土三轴仪,并利用该仪器对膨胀土在三轴剪切过程中内部结构的变化进行了一系列研究分析。吴紫汪等[69],刘增利等[70],孙星亮等[71]对冻土在蠕变、单轴压缩及三轴剪切过程中内部结构变化进行了 CT 观测分析。Cui Y. J.[72]在体积限制状态下,对 Kunigel 黏土土样施加不同的吸力,通过孔隙分布观察土样在不同吸力作用下的孔隙变化特征,发现随着吸力下降至零,土样孔隙逐渐呈现均质化,集合体中晶层的分散以及集合体的变形使大孔隙被压缩是造成这一现象的主要原因。

吕海波等[73]对单向压缩下天然结构性软土进行了压汞试验,分析了其在压缩状态下的孔隙大小分布状况;河海大学岩土所[74]根据该光学图像测试法的工作原理,研制了适用于岩土材料微结构分析的光学测试系统。洪振舜等[51]采用压汞法对不同固结压力下天然沉积硅藻土的微观孔隙进行了压汞分析,探索了其微观孔隙入口孔径分布与应力水平的关系。王洪兴等[75]对水往返作用下的滑带土的黏土矿物定向性进行了 X 射线衍射研究,并分析了其对滑坡的作用。叶为民等[76]通过水银注入累积曲线以及孔隙分布图研究了 MX80 在自由膨胀状态下的体积变化特征,发现压实膨胀土在水化过程中,土体积的膨胀主要是由于膨胀土集合体结构中集合体之间的大孔扩张。徐春华等[77]对动三轴下的冻结粉质黏土进行了 CT 观测,定量分析了试验后土样结构微裂纹及密度变化规律。董好刚等[78]用扫描电镜对循环振动荷载下的黄河三角洲潮坪土在振动前后微结构变化情况进行了分析研究。雷胜友等[79],倪万魁等[80]对黄土在不同受力状态下的微结构特性进行了 CT 分析,探讨了其力学机制。姜岩等[81]对天津滨海新区典型结构性软土进行动三轴试验和压汞试验,对交通荷载作用下结构性软土微观结构变化进行了研究,结果表明:在动荷载作用后,天津滨海新区典型软土的孔隙分布发生了改变,可分为 3 种类型。丁建文等[82]采用压汞法对疏浚淤泥流动固化土进行了微观孔隙结构的研究,分析了固化土的孔隙体积及入口孔径分布特征与固化材料掺量及固化土龄期的关系,并将微观试验结果与固化土的物理指标和强度特性进行了比较。张先伟等[83]为探求土体在变形过程中微结构形态的演化规律,对湛江结构性黏土进行室内压缩试验,通过真空冷冻升华干燥法对天然土和压缩后土制样,进行扫描电子显微镜试验和压汞试验,基于灰度计算土的三维孔隙率,分析压缩过程中微观孔隙的变化规律。蒋明镜等[84]应用压汞试验研究了不同应力路径试验前后原状和重塑黄土孔隙分布的变化,探讨了宏观力学特性与孔隙分布的联系。叶为民等[85]针对高庙子膨润土在不同含水率和不同干密度条件下的微观孔隙结构时效性进行了试验研究,分别采用压汞仪法和扫描电镜法对静置不同时间后土样的微观孔隙结构进行量测。试验结果表明,高庙子膨润土集合体间大孔隙随静置时间增加而逐渐减少,而集合体内孔隙和小于压汞仪最小探测粒径的极小孔隙逐渐增多,随着静置时间的延长,膨润土微观孔隙结构趋于均匀化。王婧[86]通过宏观与微观试验,系统地介绍了研究珠海软土工程性质的手段方法,分别从宏观及微观的角度分析了珠海软土固结等工程特性及其固结过程变化的微观机制。张先伟等[87]利用扫描电镜与压汞试验,分析湛江黏土扰动后不同静置龄期下的结构演变规律。结果表明,黏土触变过程中的强度恢复主要是由于颗粒间引力与斥力的相互作用的力场变化,使结构由分散趋向絮凝发展,这一过程中,结构产生自适应调整,孔隙分布均匀化发展,微观结构向亚稳定结构转变,故黏土在一定时期内表现出触变现象。

(3)微结构测试方法局限性。

膨胀土具有何种微观结构特征,与膨胀土的含水量、矿物组成成分,以及所处的地理环境有关。早在1958年,土力学家 T. W. Lambe 对不同含水量和击实能量下击实黏性土的微观结构及其对工程性质的影响进行了研究[88],由于测试技术的限制,无法观测击实黏性土的真实微观结构形态,只是提出了一种假想的微结构模型来讨论微结构与工程性质关系。谭罗荣[62]通过研究我国一些典型的膨胀土微观结构特征,将膨胀土中的微观结构单元归纳为三种类型,即片状颗粒、扁平状聚集体颗粒和粒状颗粒单元。在此基础上,将由微结构单元组成的微结构特征分为六种,即絮凝结构、定向排列结构、紊流结构、粒状堆积结构、胶粘式结构和复合式结构。

综上所述,膨胀土裂隙是由几种外因共同作用产生的,且各种因素作用产生的裂隙差别有时并不明显,膨胀土裂隙具有复杂性及不确定性。裂隙量测由开始的简单量测到采用数码相机、CT扫描仪、远距显微镜等先进的仪器观测来获得高清晰的裂隙图像,人们进而对获取的数字图像采用各种图像处理方法进行统计分析,并建立各种模型。目前裂隙直接量测和描述主要集中在土体表面裂隙,深度量测和描述主要采用间接手段或建立模型。对岩土材料微结构及其与宏观物理力学特性响应的研究已取得了长足进展,研究中能观察到岩土材料的颗粒、孔隙大小及形状等,揭示土体工程特性与其微细结构变化之间的内在规律性,建立具有微细结构变化特征背景的关系。很多学者提出许多微细观模型,尝试建立微细观和宏观的联系,使之能通过测定微细观结构来得到宏观参数。虽然岩土材料微结构研究有了大量成果,但在实际测定中,仪器不能连续测试岩土材料在荷载下微结构的真实变化状况,因此也无法得到岩土材料微颗粒及孔隙的实际变形和位移信息,相关仪器主要还是用于定性分析岩土材料微结构,有其局限性。

1.4 分形几何在土体微结构研究中的应用

分形几何是由美籍数学家 Mandelbrot 于 20 世纪 70 年代末创立的[89],现在已经在各领域都得到了广泛应用。在土体微观结构研究领域中,已有大量研究表明土体内部孔隙结构具有分形特性,采用分形理论进行研究是可行且有效的手段。而利用分形理论研究土体内部结构的一个重要指标就是分形维数,目前对于分形维数的计算经常使用的方法是利用土体微观结构图片进行计算或者直接对微观结构数据进行计算。得到土体微观结构图片的试验主要为 CT 扫描试验和电镜扫描试验等,而得到微观结构数据的试验则有压汞试验、气体吸附试验和 X 射线衍射试验等。现在国内外已经有大量研究者利用这些试验对土体内部结构进行了分形几何的研究,并取得了大量研究成果。

通过测得的微观结构数据直接计算分形维数的研究如下。姜岩等[81]根据压汞试验数据,利用 Menger 海绵模型计算了不同交通荷载作用下结构性软土的分形维数,并从中得出了结构性软土内部的孔隙分布特性,认为孔隙分形维数可以用来预测卓越频率和分析路基土体变形行为机制。王欣等[90]采用高压压汞试验和分形理论对孔隙结构进行了分析,确定了页岩岩样的孔隙分布情况,并利用分形理论将孔径分为两类,即大于 15 nm 的孔隙和小于 15 nm 的孔隙。杨洋等[91]利用压汞试验发现膨胀土的孔隙分布具有多重分形特征,并将膨胀土的孔隙划分为大、小、微三类。王志伟等[92]基于高压压汞数据,利用分形理论研究了泥页岩孔隙结构分形特征,并发现中值孔径与过渡孔分形维数相关性最强。姜文等[93]将压汞试验数据制作成双对数图,计算出了安康地区石煤孔隙结构的分形维数,发现石煤的渗透分形维数 D_s 在 $2.524 \sim 2.917$,而扩散分形维数 D_k 在 $2.488 \sim 2.931$。Pfeifer[94]和 Avnir 等[95]使用了气体吸附试验对微观孔隙的表面积进行研究,发现大部分材料的微观孔隙都具有分形特性,可以利用分形理论加以分析。

通过微观结构图片进行分形维数计算的研究如下。张德成等[96]利用 CT 扫描仪对斜坡土柱样品进行扫描,并利用扫描图片进行盒维数计算,分析了盒维数与大孔径分布之间的关系。宋丙辉等[97]采用面积-周长法对滑带土的孔隙微观结构进行了分形研究,并探讨图像的放大倍数以及阈值的选取对于分形维数的影响。包惠明等[98]利用数码相机对多次干湿循环后的膨胀土分区域进行拍摄,然后使用Photoshop软件对图片进行处理,再使用MATLAB进行计算,得到了表面裂隙分形维数。贾东亮等[99]利用扫描电镜获得膨胀土微结构图片后,使用MATLAB进行分形维数计算,并发现含水率较低时,分形维数值较大,颗粒较为分散。刘熙媛等[100]同样利用MATLAB软件编程,对扫描电镜图片进行分形维数计算,发现土体越松散,平面分形维数值越大。

综上所述,压汞试验以及电镜扫描试验是目前研究孔隙分形维数常用的手段。因此后文将着重讲述利用压汞试验和电镜扫描试验对脱湿后的膨胀土进行微观结构分形特性研究,从中发现脱湿环境、初始含水率和压实度与分形维数的关系以及变化规律。

1.5　裂隙膨胀土渗流特性研究

膨胀土具有与一般非饱和土相同的普遍渗流特性,同时又由于膨胀土本身具有较强的胀缩性,使得土体中的裂隙与孔隙大小和分布都发生变化,进而影响渗透特性。许多研究者在膨胀土边坡稳定问题的研究中,均发现了裂隙的存在及其发展变化对边坡稳定有着重要的影响。反复胀缩使得土体产生纵横交错的裂隙,土体变得松散,再加上风化作用,进一步破坏了土体的完整性。这些裂隙网络又为雨水入渗和水分蒸发提供了良好的通道,使得气候对土体的影响进一步向土体深处发展。这种气候影响深度一般为1.5~2.0 m,最大深度可达4 m。雨季时,正是在这一层裂土中,雨水迅速下渗,并很快被土体大量吸收,之后土体吸力骤降,强度也随之骤降;另外,在气候影响深度以下,土体裂隙不发育,渗透性相对较低,从而形成了相对不透水层。从上部入渗的雨水在此交界面汇集,使得交界面处的土体很快达到饱和,吸力丧失,形成一层饱和软化带,其强度随着降雨的发展逐渐丧失,一旦这种饱水软化带贯通,就会形成浅层滑坡。由降雨入渗和大气蒸发所引起的膨胀土灾害也是屡见不鲜,如长期降雨造成的膨胀土路堑边坡的失稳;在蒸发量较大的地区,雨季过后长期干旱会造成膨胀土地面开裂,从而引起房屋结构破损等现象。

非饱和渗流问题的研究由来已久,降雨条件下膨胀土边坡的渗流分析是典型的非饱和渗流问题。20世纪60年代,随着计算机的出现,数值模拟应用于求解Richards方程,这使得理论上难以求解、实践中难以模拟的非饱和稳定与非稳定渗流问题获得了合理的数值解。早期研究主要用有限差分法求解Richards方程,后来随着有限元方法的迅速发展成熟,后者逐渐取代了前者成为非饱和渗流数值模拟的主要方法。在有限元数值模拟方面,Neuman[101]最早将有限元方法应用到求解饱和-非饱和渗流问题中。他用 Galerkin 法对 Richards 方程进行空间域的离散,用 Crank-Nicolson有限差分格式对时间域进行离散,解决了许多边界条件复杂的渗流问题。Neuman 的这些研究成果后来被广泛采用,他的文献也因此成为饱和-非饱和渗流研究方面的经典之作。在 Neuman 之后,众多学者进一步对饱和-非饱和渗流问题做了广泛深入的研究,对不同变量的 Richards 方程都做了大量的数值模拟,并积累了相当丰富的经验。

对于膨胀土边坡来说,降雨入渗是影响边坡稳定性、导致边坡失稳的主要外部因素。因此,国内外众多学者开展的大气与非饱和土相互作用的研究,更关注降雨入渗对边坡稳定性的影响。如通过对残积土边坡在现场人工和天然降雨影响下的原位监测,建立降雨入渗量和径流量的关系以及孔隙水压力变化和含水率变化随降雨量变化的关系;考虑边坡的响应仅有孔压,为得到由于蒸发和入渗而引起土坡孔隙水压力的变化,建立了残积土边坡孔压观测站。在室内模型试验研究方面,开发调节模型边界相对湿度的大气干湿循环模拟箱,用离心机模拟降雨入渗和蒸发蒸腾等气候效应对岩土构筑物的影响;开展积水、阴天、日照和降雨等环境下不同排水与路基边坡坡度的膨胀土路基模型试验,得到膨胀土路基温度与土压力的变化规律。C. W. W. Ng 等[102]对各种降雨情况和初始水力条件下香港边坡渗流及其稳定性进行了研究,认为边坡稳定不仅受降雨强度、前期降雨时长、初始地下水位的影响,而且还与土体各向异性渗透比有关。姚海林等[103]~[104]对当宜(当阳—宜昌)高速公路膨胀土进行了考虑降雨入渗影响的边坡稳定性分析,比较了在考虑裂隙条件与不考虑裂隙条件下的计算结果,将土体开裂形成的宏观主裂隙单独处理,对降雨入渗条件下膨胀土边坡的稳定性问题进行初步研究,并得到一些有益的结论。I. Tsaparas等[105]通过多参数控制分析降雨滑坡,认为饱和水头系数和降雨形式(表现为降雨强度和时长)能显著影响非饱和土边坡的渗流形式。张华[106]将均质膨胀土边坡看作由两层土体构成,上部土层作为均一裂隙带,下部土层保持原状膨胀土的特性。裂隙带的渗透性远大于原状土体,其抗剪强度则小于下部土体。袁俊平和殷宗泽[107]建立考虑裂隙的非饱和膨胀土边坡入渗的数学模型,利用有限元数值模拟方法分析了边坡地形、裂隙位置、裂隙开展深度及裂隙渗透特性等对边坡降雨入渗的影响。Tony L. T. Zhan[108]通过解析公式对膨胀土进行了非饱和渗流参数分析。陈铁林等[109]基于非饱和土广义固结理论,对某膨胀土边坡进行了有限元计算分析,在分析过程中考虑了变形与孔隙水、孔隙气流动的耦合,同时对比膨胀土边坡中有无裂隙的情况,认为裂隙对膨胀土边坡的雨水入渗有着很重要的影响,膨胀土边坡的雨水入渗只会发生在边坡的表面,因而多数滑坡表现为浅层滑动。陈建斌[110]以广西南宁膨胀土为研究对象,较为全面地演示了大气作用下膨胀土边坡响应的演化规律,并对膨胀土边坡的灾变机理进行了研究分析。李雄威[111]以广西南宁膨胀土为研究对象,结合现场试验及室内试验,将裂隙对强度的削弱和对渗透的影响考虑进数值计算,计算结果表明裂隙对边坡稳定性的影响较大。

裂隙在气候干湿循环等作用下发生、发育、扩展,破坏了土体的完整性,同时为水分的渗流提供了通道,是影响膨胀土边坡稳定的关键因素。国内外学者经过几十年的研究,在膨胀土基本性质方面,已建立物性指标对其胀缩性影响的经验公式,并从物质成分与组构层面探讨其胀缩机制,探究膨胀土微结构类型,并提出了膨胀土胀缩理论。随着非饱和土力学理论的发展,以及相应试验、测试技术的进步,从吸力量测、控制吸力等角度研究膨胀土的强度特性、变形特性与渗流特性已成为热点,并呈现不断扩大趋势。学者们取得了一系列新进展:①提出多种模型,如非饱和土的非线性弹性模型、弹塑性模型、二元介质模型、非饱和土的热-水力-力学本构模型、温度影响下的重塑非饱和膨胀土非线性本构模型;②提出考虑雨水入渗与蒸发的边坡稳定性分析方法;③引入土壤学裂隙优势流理论;④深入探讨干湿循环对膨胀土吸力特性、变形特性、强度特性与结构损伤的影响;⑤研制新型试验装置与传感器,如温控非饱和土三轴仪、CT扫描仪、离心模型试验装置、高量程张力传感器等。这些研究成果都为进一步了解和深入研究膨胀土的基本性质奠定了良好的基础。

1.6 主要研究内容

本书以膨胀土为研究对象,分别研究膨胀土裂隙扩展规律;研究膨胀土脱湿干燥后微观结构变化,分析其微观机理;通过室内降雨入渗试验研究裂隙膨胀土渗透特性;研究膨润土在填埋场底部衬里系统中的应用,通过静态平衡吸附试验确定采用酸活化膨润土、颗粒活性炭及氧化钙改良的衬里土壤材料对垃圾渗滤液中重金属的吸附能力以及吸附参数值。

本章参考文献

[1]　林青芝.简述膨胀土的危害及处理方法[J].科技创新导报,2010(10):44-44.

[2]　冯研,蒋关鲁,陈伟志,等.弥勒非低矮路基超固结膨胀土地基沉降特征[J].中国公路学报,2018,31(5):17-25.

[3]　杨小明,张理平,吴珺华,等.裂隙和土体软化效应双重影响下膨胀土边坡的稳定性分析[J].水利水电技术,2017,48(2):138-142.

[4]　YANFUL E K,MOUSAVE S M. Estimating falling rate evaporation from finite soil columns[J]. Science of the Total Environment,2003,313(1/3):141-152.

[5]　唐朝生,施斌,顾凯.土中水分的蒸发过程试验研究[J].工程地质学报,2011,19(6):875-881.

[6]　唐朝生,施斌.干湿循环过程中膨胀土胀缩变形特征[J].岩土工程学报,2011,33(9):1376-1384.

[7]　芮圣洁,陈晓岚,刘清华,等.基于含水率及干湿循环膨胀土强度研究[J].科学技术与工程,2017,17(25):284-289.

[8]　吕海波,曾召田,赵艳林,等.膨胀土强度干湿循环试验研究[J].岩土力学,2009,30(12):3797-3802.

[9]　李志清,余文龙,付乐,等.膨胀土胀缩变形规律与灾害机制研究[J].岩土力学,2010,31(S2):270-275.

[10]　唐朝生,施斌,刘春.膨胀土收缩开裂特性研究[J].工程地质学报,2012,20(5):663-673.

[11]　汪贤恩,谭晓慧,辛志宇,等.膨胀土收缩性质的试验研究[J].岩土工程学报,2015,37(Z2):107-114.

[12]　栾茂田,李顺群,杨庆.非饱和土的基质吸力和张力吸力[J].岩土工程学报,2006,28(7):863-868.

[13]　胡东旭,李贤,周超云,等.膨胀土干湿循环胀缩裂隙的定量分析[J].岩土力学,2018,39(S1):318-324.

[14]　李亚帅.干湿循环作用下膨胀土裂隙开展室内试验研究[J].河北工程大学学报(自然科学版),2018,35(1):32-37.

[15]　袁权,谢锦宇,任柯.边界约束对膨胀土干缩开裂的影响[J].工程地质学报,2016,24(4):604-609.

[16]　唐朝生,崔玉军,TANG A M,等.膨胀土收缩开裂过程及其温度效应[J].岩土工程学报.2012,34(12):2181-2187.

[17]　赵亚楠,党进谦.膨胀土的收缩与开裂特性试验研究[J].西安理工大学学报,2014,30(4):473-478.

[18]　杨松,吴珺华,黄剑锋,等.接触角对张力计及轴平移技术测量非饱和土吸力的影响[J].岩土力学与工程学报,2016,35(A01):3331-3336.

[19]　马佳,陈善雄,余飞,等.裂土裂隙演化过程试验研究[J].岩土力学,2007,28(10):2203-2208.

[20]　申科,朱潇钰,张英莹.不同温度下膨胀土裂隙演化规律研究[J].水电能源科学,2017,35(3):116-118.

[21]　张家俊,龚壁卫,胡波,等.干湿循环作用下膨胀土裂隙演化规律试验研究[J].岩土力学,2011,32(9):2729-2734.

[22]　王军,龚壁卫,张家俊,等.膨胀岩裂隙发育的现场观测及描述方法研究[J].长江科学院院报,2010,27(9):74-78.

[23]　张涛,王小飞,黎爽,等.压汞法测定页岩孔隙特征的影响因素分析[J].岩矿测试,2016,35(2):178-185.

[24]　刘培生,马晓明.多孔材料检测方法[M].北京:冶金工业出版社,2006.

[25]　黄培云.粉末冶金原理[M].2版.北京:冶金工业出版社,1997.

[26]　何更生.油层物理[M].北京:石油工业出版社,1994:200-207.

[27]　王维喜,曹天军,朱海涛.压汞曲线在特低渗油藏储层分类中的应用[J].重庆科技学院学报(自然科学版),2010,12(3):18-20.

[28]　刘松玉,查甫生,于小军.土的电阻率室内测试技术研究[J].工程地质学报,2006,14(2):216-222.

[29]　龚永康,陈亮,武广繁.膨胀土裂隙电导特性[J].河海大学学报(自然科学版),2009,37(3):323-326.

[30]　杨更社,张长庆.岩体损伤及检测[M].西安:陕西科学技术出版社,1998.

[31]　袁俊平,杨国俊,王敏.干湿循环下膨胀土裂隙CT试验研究[J].科学技术与工程,2013,13(12):3509-3513,3519.

[32]　蒋运忠,王云亮,汪时机.在MATLAB环境下实现膨胀土CT图像的三维重建[J].西南大学学报(自然科学版),2011,33(3):144-148.

[33]　袁俊平,殷宗泽,包承纲.膨胀土裂隙的量化手段与度量指标研究[J].长江科学院院报,2003,20(6):27-30.

[34]　易顺民,黎志恒,张延中.膨胀土裂隙结构的分形特征及其意义[J].岩土工程

学报,1999,21(3):294-298.

[35] 潘科,魏雪丰,肖桂元,等.MATLAB在处理膨胀土数字图像中的应用[J].土工基础,2012,26(6):84-87.

[36] 李雄威,冯欣,张勇.膨胀土裂隙的平面描述分析[J].水文地质工程地质,2009,36(1):96-99.

[37] 沈珠江,邓刚.粘土干湿循环中裂缝演变过程的数值模拟[J].岩土力学,2004,25(Z2):1-6,12.

[38] 周宇泉,洪宝宇.粘性土压缩过程中的微细结构变化试验研究[J].岩土力学,2005(S1):82-86.

[39] 王宝军,施斌,宋震.基于GIS与虚拟现式的三维地质建模方法[J].岩土力学与工程学报,2008,27(Z2):3563-3569.

[40] 唐朝生,王德银,施斌,等.土体干缩裂隙网络定量分析[J].岩土工程学报,2013,35(12):2298-2305.

[41] ALBRECHT B A,BENSON C H. Effect of desiccation on compacted natural clays[J]. Journal of Geotechnical and Geoenvironmental Engineering,2001,127(1):67-75.

[42] DONG Y,WANG B T. Test study on mechanical properties of the lime stabilized expansive soil under wet and dry cycle[J]. Applied Mechanics and Materials,2012,174-177(3):166-170.

[43] DESAI C S. Constitutive modeling of materials and contacts using the disturbed state concept: Part 1. Background and analysis [J]. Computers & Structures,2015,146(Jan):214-233.

[44] HORGAN G W, YOUNG I M. An empirical stochastic dimension model for the geometry of two-dimensional crack growth in soil with discussion [J]. Geoderma,2000,96(4):263-276.

[45] CHERTKOV V Y. Modeling cracking stages of saturated soils as they dry and shrink[J]. European Journal of Soil Science,2002,53(1):105-118.

[46] TANG C S,CUI Y J,TANG A M, et al. Experiment evidence on the temperature dependence of desiccation cracking behavior of clayey soils[J]. Engineering Geology,2010,114(3-4):261-266.

[47] CHERTKOV V Y. Using surface crack spacing to predict crack network geometry in swelling soils[J]. Soil Science Society of America Journal,2000,64(6):1918-1921.

[48] MILLEM C J,MI H,YEGILLEN N. Experiment analysis of desiccation crack propagation in clay liners [J]. Journal of the American Water Resources Association,1998,34(3):677-686.

[49] VO T D,POUYA A,HEMMATI S,et al. Numerical modelling of desiccation cracking of clayey soil using a cohesive fracture method[J]. Computers and Geotechnics,2017,85(May):15-27.

[50] 谢定义,齐吉琳. 土结构性及其定量化研究的新途径[J]. 岩土工程学报,1999,21(6):651-656.

[51] 洪振舜,立石义孝,邓永锋.天然硅藻土的应力水平与孔隙空间分布的关系[J].岩土力学,2004,25(7):1023-1026.

[52] 陈悦,李东旭.压汞法测定材料孔结构的误差分析[J].硅酸盐通报,2006,25(4):198-201.

[53] TANAKA H,LOCAT J. A microstructural investigation of Osaka Bay clay：The impact of microfossils on its mechanical behaviour[J]. Canadian Geotechnical Journal,1999,36(3):493-508.

[54] PENUMADU D,DEAN J. Compressibility effect inevaluating the pore-size distribution of kaolin clay using mercury intrusion porosimetry [J]. Canadian Geotechnical Journal,2000,37(2):393-405.

[55] HONG Z S,TATEISHI Y,HAN J,et al. Experimental study of macro and microbehavior of natural diatomite [J]. Journal of Geotechnical and Geoenvironmental Engineering,ASCE,2006,132(5):603-610.

[56] 高国瑞.膨胀土微结构特征的研究[J].工程勘察,1981(5):39-42.

[57] 高国瑞.膨胀土微结构和膨胀势[J].岩土工程学报,1984,6(2):40-48.

[58] DELAGE P,LEFEBVRE G. Study of the structure of a sensitive Champlain clay and of its evolution during consolidation[J]. Canadian Geotechnical Journal,1984,21(1):21-35.

[59] 廖世文.膨胀土与铁路工程[M].北京:中国铁道出版社,1984.

[60] 李生林,秦素娟,薄遵昭,等.中国膨胀土工程地质研究[M].南京:江苏科学技术出版社,1992.

[61] 张梅英,袁建新,潘韬湘,等.岩土介质微观力学动态观测研究[J].科学通报,1993,38(10):920-924.

[62] 谭罗荣,张梅英,邵梧敏,等.灾害性膨胀土的微结构特征及其工程性质[J].岩土工程学报,1994,16(2):48-57.

[63] 施斌,李生林,TOLKACHEV M.粘性土微观结构 SEM 图像的定量研究[J].中国科学(A 辑),1995,25(6):666-672.

[64] 刘小明,李焯芬.岩石断口微观断裂机理分析与实验研究[J].岩石力学与工程学报,1997,16(6):509-513.

[65] 黄俊.南昆线七甸泥炭土研究的新技术及新方法[J].路基工程,1999(6):13-18.

[66] 胡瑞林,李焯芬,王思敬,等.动荷载作用下黄土的强度特征及结构变化机理研究[J].岩土工程学报,2000,22(2):174-181.

[67] 赵永红,梁海华,熊春阳,等.用数字图像相关技术进行岩石损伤的变形分析[J].岩石力学与工程学报,2002,21(1):73-76.

[68] 卢再华,陈正汉,蒲毅彬.原状膨胀土损伤演化的三轴 CT 试验研究[J].水利学报,2002(6):106-112.

[69] 吴紫汪,马巍,蒲毅彬,等.冻土蠕变变形特征的细观分析[J].岩土工程学报,1997,19(3):1-6.

[70] 刘增利,李洪升,朱元林,等.冻土单轴压缩动态试验研究[J].岩土力学,2002,23(1):12-16.

[71] 孙星亮,汪稔,胡明鉴.冻土三轴剪切过程中细观损伤演化 CT 动态试验[J].岩土力学,2005,26(8):1298-1302,1311.

[72] CUI Y J,LOISEAU C,DELAGE P. Microstructure changes of a confined swelling soil due to suction controlled hydration[A]. In Proceedings of the 3rd International Conference on Unsaturated Soils (UNSAT 2002),Recife,Brazil (Eds. J. R. T. Juca, T. M. P. de. Cameos, and F. A. M. Marinho)[C]. Lisse, Swets&Zeitlinger, 2002:593-598.

[73] 吕海波,汪稔,赵艳林,等.软土结构性破损的孔径分布试验研究[J].岩土力学,2003,24(4):573-578.

[74] 刘敬辉,洪宝宁,张海波.土体微细结构变化过程的试验研究方法[J].岩土力学,2003,24(5):744-747.

[75] 王洪兴,唐辉明,陈聪.滑带土粘土矿物定向性的 X 射线衍射及其对滑坡的作用[J].水文地质工程地质,2004(S1):79-81.

[76] 叶为民,黄雨,崔玉军,等.自由膨胀条件下高压密膨胀粘土微观结构随吸力变化特征[J].岩土力学与工程学报,2005,24(24):4570-4574.

[77] 徐春华,徐学燕,沈晓东.不等幅值循环荷载下冻土残余应变研究及其 CT 分析[J].岩土力学,2005,26(4):572-576.

[78] 董好刚,张卫明,贾永刚,等.循环振动导致黄河口潮坪土成分结构变异研究[J].海洋地质与第四纪地质,2006,26(3):133-141.

[79] 雷胜友,唐文栋.原状黄土硬化屈服的损伤试验研究[J].土木工程学报,2006,39(2):73-77.

[80] 王朝阳,倪万魁,蒲毅彬.三轴剪切条件下黄土结构特征变化细观试验[J].西安科技大学学报,2006,26(1):51-54.

[81] 姜岩,雷华阳,郑刚,等.动荷载作用下结构性软土微结构变化的分形研究[J].岩土力学,2010,31(10):3075-3080.

[82] 丁建文,洪振舜,刘松玉.疏浚淤泥流动固化土的压汞试验研究[J].岩土力学,2011,32(12):3591-3596,3603.

[83] 张先伟,孔令伟,郭爱国,等.基于 SEM 和 MIP 试验结构性黏土压缩过程中微观孔隙的变化规律[J].岩石力学与工程学报,2012,31(2):406-412.

[84] 蒋明镜,胡海军,彭建兵,等.应力路径试验前后黄土孔隙变化及与力学特性的联系[J].岩土工程学报,2012,34(8):1369-1378.

[85] 叶为民,赖小玲,刘毅,等.高庙子膨润土微观结构时效性试验研究[J].岩土工程学报,2013,35(12):2255-2261.

[86] 王婧.珠海软土固结性质的宏微观试验及机理分析[D].华南理工大学,2013.

[87] 张先伟,孔令伟,李峻,等.湛江黏土触变过程中强度恢复的微观机理[J].岩土工程学报,2014,36(8),1407-1413.

[88] LAMBE T W. The engineering behaviour of compacted clays[J]. Journal of the Soil Mechanics and Foundation Division, 1958(84):1-35.

[89] MANDELBROT B B. The fractal geometry of nature[M]. W. H Freeman and Compang,1982.

[90] 王欣,齐梅,胡永乐,等.高压压汞法结合分形理论分析页岩孔隙结构[J].大庆石油地质与开发,2015,34(2):165-169.

[91] 杨洋,姚海林,陈守义.广西膨胀土的孔隙结构特征[J].岩土力学,2006,27(1):155-158.

[92] 王志伟,王民,卢双舫,等.基于高压压汞法的泥页岩储层分形研究:以松辽盆地青山口组湖相泥岩为例[J].河南科学,2015(7):1206-1213.

[93] 姜文,唐书恒,张静平,等.基于压汞分形的高变质石煤孔渗特征分析[J].煤田地质与勘探,2013,41(4):9-13.

[94] PFEIFER P ,AVNIR D. Chemistry in noninteger dimensions between two and three. I. Fractal theory of heterogeneous surfaces[J]. Journal of

Chemical Physics,1983,79(7):3538-3565.

[95] AVNIR D, FARIN D, PFEIFER P. Chemistry in noninteger dimensions between two and three. II. Fractal surfaces of adsorbents[J]. Journal of Chemical Physics, 1983, 79(7):3566-3571.

[96] 张德成,徐宗恒,徐则民,等.基于分形维数的斜坡非饱和带土体大孔隙分布研究[J].地球与环境,2015,43(2):210-216.

[97] 宋丙辉,谌文武,吴玮江,等.舟曲锁儿头滑坡滑带土微结构的分形研究[J].岩土工程学报,2011,33(S1):299-304.

[98] 包惠明,魏雪丰.干湿循环条件下膨胀土裂隙特征分形研究[J].工程地质学报,2011,19(4):478-482.

[99] 贾东亮,牛兰芹,李燕.邯郸击实膨胀土的微结构与含水量关系研究[J].河北建筑科技学院学报(自然科学版),2006,23(2):57-62.

[100] 刘熙媛,窦远明,闫澍旺,等.基于分形理论的土体微观结构研究[J].建筑科学,2005,21(5):21-25.

[101] NEUMAN S P. Galerkin Approach to Saturated-Unsaturated Flow in Porous Media. Finite Element in Fluids[M]. Viscous Flow and Hydrodynamical. London: Wiley, 1974: 201-217.

[102] NG C W W, SHI Q. A numerical investigation of the stability of unsaturated soil slopes subjected to transient seepage[J]. Computers and Geotechnics, 1998,22(1):1-28.

[103] 姚海林,郑少河,陈守义.考虑裂隙及雨水入渗影响的膨胀土边坡稳定性分析[J].岩土工程学报,2001,23(5):606-609.

[104] 姚海林,郑少河,李文斌,等.降雨入渗对非饱和膨胀土边坡稳定性影响的参数研究[J].岩石力学与工程学报,2002,21(7):1034-1039.

[105] TSAPARAS I, RAHARDJO H, TOLL D G, et al. Controlling parameters for rainfall-induced landslides[J]. Computers and Geotechnics, 2002, 29(1):1-27.

[106] 张华.非饱和渗流研究及其在工程中的应用[D]. 武汉:中国科学院武汉岩土力学研究所,2002.

[107] 袁俊平,殷宗泽.考虑裂隙非饱和膨胀土边坡入渗模型与数值模拟[J].岩土力学, 2004,25(10): 1581-1586.

[108] ZHAN T L J, NG C W W. Analytical analysis of rainfall infiltration mechanism in unsaturated soils[J]. International Journal of Geomechanics,

2004，4(4):273-284.

[109]   陈铁林,邓刚,陈生水,等.裂隙对非饱和土边坡稳定性的影响[C]//全国非饱和土学术研讨会.第二届全国非饱和土学术研讨会论文集:2005年卷.杭州:中国土木工程学会,2005:648-655.

[110]   陈建斌.大气作用下膨胀土边坡的响应试验与灾变机理研究[D].武汉:中国科学院武汉岩土力学研究所,2006.

[111]   李雄威.膨胀土湿热耦合性状与路堑边坡防护机理研究[D].武汉:中国科学院武汉岩土力学研究所,2008.

2 原状膨胀土裂隙发育模型试验研究

2.1 引言

    膨胀土是一种吸水膨胀、失水收缩开裂的特殊黏性土。它因自然气候的干湿交替作用而发生体积显著膨胀收缩、强度剧烈衰减,进而导致工程破坏,其不良工程性质主要表现为多裂隙性、超固结性、强亲水性、反复胀缩性和破坏的浅层性。

    膨胀土在天然状态下常处于较坚硬状态,对气候和水文因素有较强的敏感性,这种敏感性对工程建筑物会产生严重的危害。膨胀土及其工程问题一直是岩土工程和工程地质研究领域的重大课题。膨胀土的裂隙性与膨胀性、超固结性关系密切。含水量降低时,膨胀土发生干缩导致土体开裂,而气候干湿循环等作用导致裂隙进一步扩展;膨胀土在开挖过程中超固结应力的释放也会导致裂隙发展。裂隙的发生与扩展一方面破坏土体的完整性,另一方面为水分的渗流提供了通道,加剧了膨胀土的胀缩和裂隙,所以,裂隙性是影响膨胀土边坡稳定的关键因素。随着基础设施建设的推进,人们将会遇到复杂的膨胀土路堑边坡或渠道的稳定性问题。国内学者孙长龙[1]、包承纲[2]及殷宗泽[3]等先后研究了裂隙对膨胀土边坡稳定性的影响。由于裂隙对膨胀土物理力学性状及实际工程有重要影响,所以,研究膨胀土裂隙发育规律[4]~[8]具有非常实际的意义。

2.2 试验土样与研究方法

1. 土样基本物理性质

    试验所用土样呈黄褐色,含铁锰结核,可塑,黏性较强,裂隙面呈蜡状光泽,其基本物性参数详见表 2.1。根据膨胀土膨胀潜势等级判别标准(详见表 2.2),该土样属于中膨胀土。

表 2.1　试验用土样的基本物性参数

天然含水率/(%)	密度/(g·cm⁻³)	自由膨胀率/(%)	收缩系数	缩限/(%)	天然重度/(kN·m⁻³)	干密度/(g·cm⁻³)	液限/(%)	塑性指数	体缩率/(%)	标准吸湿含水率/(%)	渗透系数/(cm·s⁻¹)
25.4~26.8	2.81	61	0.38	11.0	19.8	1.57	55.4	29.2	20.3	6.725	1.06×10⁻⁶

表 2.2 膨胀土膨胀潜势等级判别标准[9]

指标	膨胀潜势等级		
	弱膨胀土	中膨胀土	强膨胀土
塑性指数	15~28	28~40	>40
自由膨胀率/(%)	40~60	60~90	>90
标准吸湿含水率/(%)	2.5~4.8	4.8~6.8	>6.8

2.平面裂隙图像的获取

试验过程中采用高清数码相机拍摄裂隙发育到不同程度的平面图像,摄影时对外部光照条件进行控制,使用白炽灯进行补光,以便获得正常曝光的裂隙图像,真实地反映裂隙发育状况。同时为防止相机参数以及相机位置等的变化对图像造成影响,摄影时固定相机参数,并利用三脚架和可以 360°旋转的云台固定相机位置,有效地防止手持摄影情况下抖动对图像质量造成影响。

3.膨胀土裂隙图像处理及裂隙特征提取

人类接收的信息百分之七十以上为视觉信息。在很多场合,图像所传递的信息比其他形式的信息更加直观,它是我们获取外界信息的主要来源。

图像处理是一种运用数字化处理图像信息来增强信息处理的实用性处理方式。伴随着科学技术的快速发展,为了使图像信息处理的实用性最大化,数字图像处理应运而生。数字图像处理指的是用数字计算机处理图像信息,其中包括显示、输入、输出、存储图像系统。人类第一次使用图像处理技术是在 20 世纪 20 年代,科学家通过海底光缆把经过数字技术压缩的照片从英国伦敦传送到了美国纽约。1964年,美国加利福尼亚的喷气推进实验室使用数字计算机处理太空船旅行者 7 号发回的月球照片。20 世纪 70 年代初,数字图像处理成为一个较为完善的学科体系,同时成为一门新兴的独立学科。近年来,由于计算机科学、数学和信息科学的飞速发展,各个领域对于图像处理有更高的要求,数字图像处理技术在研究程度方面更加深入,研究范围更加广泛,发展更加迅速。数字图像处理技术在考古、医疗诊断、航空、遥感、工业、军事、公共安全等方面都有应用。在考古方面,运用数字图像处理技术,对文物进行全方位的观察。在医疗诊断中,借助数字图像处理技术,对需要观测的器官成像,便于医生诊断分析。在航天及遥感中,通过数字图像处理技术分析遥感图像,便于资源的规划、勘探以及研究气象。在工业中,可以检测工业产品生产中存在的质量问题,减少杂质,提高产品质量。在军事中,可以进行视频跟踪,精准打击目标,提高命中率。在公共安全中,数字图像处理技术有助于一线工作人员进行防护。数字图像信息的两个特征分别是信息量大、应用范围广。因此,人类借助数字图像处理能更好地认识世界、改造世界。

膨胀土裂隙的量测主要分为直接量测和间接量测两大类。直接量测主要包括最原始的人工现场量测、数码摄影、CT扫描等。间接量测包括超声波法及电阻率法等。间接量测有助于进一步了解土体内部裂隙发育状况,但使用单一指标进行分析时,其精度难以得到保证,且需要结合直接量测进行校核。直接量测方法中的现场人工量测耗费大量人力和时间,而数码摄影能够方便地获得清晰的裂隙平面图像,该量测方法的关键在于对裂隙图像进行计算机识别[10]。

2.3 膨胀土平面裂隙图像处理

1.图像分类

一幅图像可以被定义为一个二维函数 $f(x,y)$,其中 x 和 y 表示平面坐标,此函数在任何坐标点 (x,y) 处的振幅称为图像在该点的亮度。灰度是用来表示黑白图像亮度的一个术语,而彩色图像是由单个二维图像组合形成的。例如,在 RGB 彩色系统中,一幅彩色图像是由三幅独立的分量图像(红、绿、蓝)组成的。因此,许多黑白图像处理开发的技术也适用于彩色图像处理,方法是分别处理三幅独立的分量图像。

由于图像的亮度是图像在空间位置的连续函数,因此只有对图像空间和亮度进行数字化之后,才能用计算机对图像进行数值处理。为得到离散化为 $m \times n$ 样本的数字图像,第一步就是要对二维图像进行均匀取样,因为数字图像是一个整数阵列,借助矩阵就可以简单直观地描述出该数字图像。图像 $\boldsymbol{F}$ 可以表示为

$$\boldsymbol{F} = \begin{bmatrix} f(0,0) & f(0,1) & \cdots & f(0,n-1) \\ f(1,0) & f(1,1) & \cdots & f(1,n-1) \\ \vdots & \vdots & \vdots & \vdots \\ f(m-1,0) & f(m-1,1) & \cdots & f(m-1,n-1) \end{bmatrix} \tag{2-1}$$

式中: $f(i,j)$ 表示的是位置 (i,j) 处的亮度值。

数字图像 $\boldsymbol{F}$ 还可以用向量表示,形式如下

$$\boldsymbol{F} = [\boldsymbol{f}_0, \boldsymbol{f}_1, \cdots, \boldsymbol{f}_i]^{\mathrm{T}} \tag{2-2}$$

式中: $\boldsymbol{f}_i = [f(i,0), f(i,1), \cdots, f(i,n-1)]$, $i=1,2,\cdots,m-1$。

矩阵、向量是在 MATLAB 中表示图像的基本形式,先用矩阵或者向量的形式表示出图像,再用函数进行各种计算。MATLAB 图像处理工具箱能够支持彩色图

像、灰度图像、索引图像、二值图像这四种基本的图像类型。

（1）彩色图像。

彩色图像即真彩图像，其在 MATLAB 中的存储格式为 $m \times n \times 3$ 的数据矩阵，其中，m 表示图像像素的行数，n 表示图像像素的列数，而数组中的元素值定义了图像中每个像素的红、绿、蓝颜色值，即每个像素的颜色由保存在此像素网格中的红、绿、蓝灰度值的组合确定。RGB 图像的存储文件格式为 24 位的图像，其中红、绿、蓝分别占 8 位，即可构成一千多万种的颜色（$2^{24}=16777216$）。在 RGB 图像的双精度型数组中，每一种颜色均由 0～1 之间的数值表示。

（2）灰度图像。

灰度图像，是一个数据矩阵，矩阵中的每一个元素值都表示着一个像素点，数据类型有 unit8、unit16、double。当矩阵的数据类型是 unit8 型时，矩阵的数据范围表示为[0,255]；当矩形的数据类型是 unit16 型时，矩形的数据范围为[0,65535]；当矩阵的数据类型是 double 型时，矩阵的值域是[0,1]。矩阵中的每个元素值都代表着不同的亮度等级值，亮度值为 0 时表示黑色；double 中亮度值为 1，unit8 中亮度值为 255，unit16 中 65535 表示白色。

（3）索引图像。

索引图像包括图像数据矩阵 X 与颜色映射矩阵 M。数据矩阵的数据类型有 unit8、unit16、double。颜色映射矩阵 M 是一个 $n \times 3$ 的数据阵列，颜色映射矩阵中的每一个元素都是位于[0,1]的双精度数据类型，M 矩阵每一行都有三列，分别表示红色、绿色、蓝色。每个像素的颜色通过数据矩阵中的数字作为颜色映射矩阵的下标来对应得到。

（4）二值图像。

二值图像的灰度等级只有 0 或者 1 这两种，不存在其他的中间过渡灰度值，二值图像也是一种特殊的灰度图像。矩阵值中的 0 表示黑色，1 表示白色。二值图像可以用 double 或 unit8 类型的数组来表示。unit8 类型数组比 double 类型数组占用的空间更少，因此在图像处理工具箱中，unit8 类型逻辑数组是任意一个返回二值图像的函数返回数组。二值图像占用空间少，但只能描述轮廓，达不到描述细节的要求。

本文中的图像处理仅涉及彩色图像与二值图像，对膨胀土平面裂隙的图像处理大致如下。

先用相机得到试验进行到不同阶段的图像，再借助 MATLAB 处理图片，从而得到不同试验结果中裂隙的发育情况，包括裂隙率的数值、主要裂隙的长度、主要裂隙和次要裂隙的方向等关键信息。首先，调用相关函数在 MATLAB 中读取并显示图像。为了使裂隙的特征处于整个图像的突出位置,提高程序的计算效率,可选择固定灰度值将显示出的彩色图像转换为二值图像。

在彩色图像转换为二值图像这个过程中,处理后的图片可能存在噪声干扰的影响,相当于人为地扩大了裂隙目标的范围,给后续的结果分析造成误差。因此,要将背景和目标图分开处理,根据背景图的变化特征,取最合适的灰度值。再把背景图和目标图进行图像的加法处理得到最终的图像。调用 MATLAB 图像处理工具箱中相应的函数,分别对每个图像进行运算,得出该图像中的裂隙信息值。

2. 图像处理技术

随着计算机处理能力的不断增强,图像处理技术的发展也变得非常迅速。作为一门引人瞩目、前景远大的新型学科,图像处理技术取得了重大的开拓性成就,但仍需不断提高处理速度及精度。图像处理技术是用算法处理质量不高的图像,经过图像处理后得到的图像质量较好,即有更高的清晰度。经过图像处理后得到的图像更能满足人类视觉观察的需求,并且通过图像分割、分类,目标识别、检测,能够提取出图像中的有效信息。现有的图像处理方法主要可以分成两类:第一类是在图像空间域中对图像进行各种处理;第二类是空间域图像经过变换,将空间域图像变换到频率域,在频率域中进行各种处理之后再变换回图像的空间域,最后得到处理后的图像。这两类方法都是常用方法,具体到每一种方法来看,每种方法都各有优劣,它们大部分只能适用于某一类图像的处理,并且能够在一定程度上提高该类图像处理方面性能。在图像分类法中,经典的分类法是句法模式识别和统计模式分类。人工神经网络模式和模糊模式识别等技术的出现,使得新发展的分类法在图像识别的领域中得到重视。

图像处理技术在传统的图像技术处理基础上发展并以传统图像处理技术作为预处理技术,在计算机上模仿和扩展了人的智能,具有智能化处理功能,在一定程度上反映了人类的智力活动。数字图像处理技术包括如下部分。

(1)图像数字化。

只有数字信号才能被计算机接收、存储、处理,所以处理图像的第一步就是将图像进行采样、量化处理,转换为数字图像,再由计算机进行下一步的处理。数字图像处理技术的基础就是图像采集,通过图像采集可以用数字化设备把模拟形式的图像转化为计算机可以识别的离散数据形式。

(2)图像变换。

通过不同变换方式如:沃尔什-阿达玛变换、正弦变换、傅立叶变换、哈尔变换、离散卡夫纳-勒维变换等,把图像从空间域转变成变换域的过程,被称为图像变换。用变换域替换空间域的,这种转换方式减少了计算机的计算量,可以最大限度地提高大阵列图像处理的计算效率,为分析图像信号的特征提供了一个新的角度。利用变换域中的特有性质,降低了图像处理过程的难度,提高了图像处理过程的效率。图像变换是图像编码、图像融合、图像增强、图像数字水印、图像特征提取等图像处理领域分析技术的基础。

(3)图像特征分析与提取。

图像特征包括图像边缘、图像形状、图像纹理、图像颜色、图像亮度,图像特征分析与提取就是用这些图像特征中的一种或者几种组合来展示图像所要表达的内容。

(4)图像数据压缩。

图像包含非常大的数据量,数据量越大,所需要的数码越多,在传输过程中需要的容纳给定消息的集合也越多,同时在存储时需要的数据采样集合的物理存储空间与电磁频谱区域也随之增加。数据压缩就是为了通过减少数据量进而达到减少数据传输所需时间、电磁频谱区域的目的。图像编码压缩是为方便图像处理、传播及减少占用的容量,在不失真的前提下利用编码对图像进行压缩,减少描述图像的比特数的技术。在图像处理技术中,编码压缩技术的发展时间相对于其他技术来说更早,发展到现在已成为成熟度较高的技术。

(5)图像边缘检测。

图像边缘检测是在不改变图片结构的情况下识别出图像灰度发生空间突变或者在梯度方向上发生突变的像素集合的技术。图像边缘是图像的基本特征之一,图像边缘检测包含图像丰富的内在信息,因此图像边缘检测被广泛地应用于图像分割、图像分类、图像配准、图像模式识别中。

(6)图像配准。

将不同时间、不同成像设备得到的两幅或者两幅以上的图像进行匹配的过程被称为图像配准。图像配准技术在很多领域被广泛应用,如遥感数据分析、计算机视觉、图像处理等。

(7)图像分割。

为了更深层次地理解图像,要把图像中最重要的部分提取出来,这就会用到图像分割。对不同的图像特征进行分析可以达到图像分割的目的,常见的图像特征有图像边缘、图像形状、图像纹理、图像颜色、图像亮度。图像分割是对图像进行后续处理的前期准备工作,为了保证图像后续处理的正确性,必须对图像进行精准的分割。可见,图像分割在整个图像处理过程中占据着非常重要的地位,是整个图像处理中的核心技术。

(8)图像增强与恢复。

图像增强是通过提高图像清晰度并去除噪声来增强需要的信息的技术。图像增强主要有两个目的：第一个目的是通过图像增强来提高图像成分的清晰度，从而改善图像的视觉效果；第二个目的是经过图像增强后的图像对于计算机后续处理更有利。图像增强的方法主要分为空间域和变化域。空间域方法可以直接处理图像像素的灰度。变化域方法可以分成两步，第一步是处理图像某个变化域中的变化系数，第二步是通过逆变化得到增强图像。强化图像的高频分量可以使图像中的物体轮廓更加清晰，强化图像的低频分量可以降低噪声对图像的影响。

图像恢复，也可以叫作图像还原，是将数字图像获取过程的质量损失尽量减少，恢复图像的本来面貌，达到改善图像质量的目的的技术。根据对图像降质因素的了解情况，可以把图像恢复方法分成以下两类：一类是不了解图像降质的影响因素，缺少相关的图像先验知识；一类是已知图像降质的具体因素，同时有充分的原始图像信息，可以根据已知影响因素按照原始图像的退化过程建立相关数学模型，并拟合图像退化的影响。图像的复原建立在降质模型基础上，用滤波处理的方法重建或恢复原始图像的前提是深入了解图像降质的根本原因。

3. 膨胀土平面裂隙的图像处理

对于膨胀土泥浆开裂后的照片，通过灰度化之后，采用上述方法得到的二值图像效果较好，图像转换如图 2.1 所示。

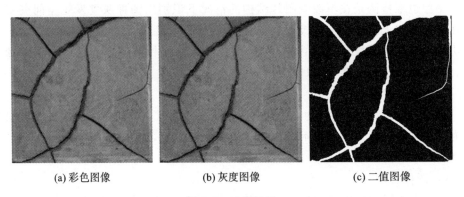

(a) 彩色图像 (b) 灰度图像 (c) 二值图像

图 2.1　图像转换

膨胀土裂隙可用影响其工程力学性质的走向、倾角、宽度、深度、长度以及间距等主要几何要素来度量。为了综合反映裂隙的分布特征，通常采用裂隙率作为裂隙度量分析指标。前人已经提出采用裂隙面积率、裂隙长宽比以及裂隙灰度熵等来定义裂隙率，如下所示。

$$\delta_{\mathrm{f}} = \frac{\displaystyle\sum_{i=1}^{n} A_i}{A}$$

$$\delta_{\mathrm{f}} = \frac{n_{\mathrm{d}}}{A}$$

$$\delta_{\mathrm{f}} = \frac{\bar{A}_{\mathrm{d}}}{A}$$

$$\delta_{\mathrm{f}} = \frac{\displaystyle\sum_{i=1}^{n} l_i}{A}$$

$$\delta_{\mathrm{f}} = \frac{\bar{l}}{\bar{d}}$$

$$\delta_{\mathrm{f}} = \sum_{i=0}^{N-1} P_i \log_2 P_i$$

$$(2\text{-}3)$$

式中：δ_{f} 为裂隙率；n 为裂隙总数；A 为土样面积；A_i 为第 i 条裂隙的面积；n_{d} 为裂隙将土体分割后的小块的数目；$\bar{A}_{\mathrm{d}}$ 为裂隙将土体分割后的小块土体的平均面积；l_i 为第 i 条裂隙的长度；$\bar{l}$ 为裂隙的平均长度；$\bar{d}$ 为裂隙的平均宽度；N 为 256；P_i 为第 i 级灰度出现的频率。

收缩在广义上也属于裂隙的范畴，可当作是产生在边界上的裂隙。而以上裂隙率的计算过程中均没有考虑开裂过程中的土体收缩。本书建立同时考虑收缩和开裂的裂隙率计算公式。裂隙率定义方法如图 2.2 所示：改进裂隙率 δ_{f} 为两者之和，记为总裂隙率，如图 2.2(a) 所示；记裂隙面积率得到的裂隙率为 δ_{f1}，如图 2.2(b) 所示；收缩的面积与总面积之比（即收缩率）记为 δ_{f2}，其中 A_1 记为收缩部分的面积，如图 2.2(c) 所示。

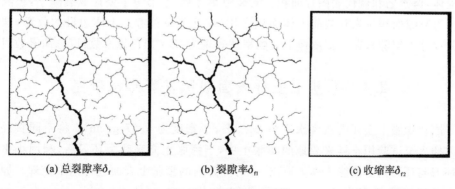

(a) 总裂隙率δ_{f}　　　(b) 裂隙率δ_{f1}　　　(c) 收缩率δ_{f2}

图 2.2　裂隙率定义方法

由此可以得到同时考虑收缩和开裂两种效应的裂隙率表达式。

$$
\left.
\begin{aligned}
\delta_{f1} &= \frac{\sum_{i=1}^{n} A_i}{A} \\
\delta_{f2} &= \frac{A_1}{A} \\
\delta_f = \delta_{f1} + \delta_{f2} &= \frac{\sum_{i=1}^{n} A_i + A_1}{A}
\end{aligned}
\right\}
\qquad (2\text{-}4)
$$

用数码相机获得的照片必须经过处理才可以得出试验数据。数字图像处理的主要过程如下。①图像裁剪,利用图像处理工具 Photoshop 软件将彩色图像中除裂隙和土体之外的部分全部裁掉,并根据需要进行尺寸上的调整。②图像灰度化,获得的图像为彩色 JPG 文件,直接从彩色图像中提取有效裂隙信息非常困难,不仅工作量非常大,而且精度很低。因此,需要将彩色图像转化为灰度图像。③灰度图像二值化,为了对裂隙有直观的认识,易于提取裂隙的有效信息,在处理裂隙图片过程中,图像中最好只出现两种像素,一类代表裂隙,另一类代表除裂隙之外的图像。因此,必须将灰度图像转化为二值图像。④二值图像平滑处理,裂隙图片在由彩色图像转化至二值图像的过程中,难免会受到外界环境、系统性能和人为因素等诸多方面的影响,使得最后的二值图像出现误差。例如一些没有开展裂隙的地方,也可能出现代表裂隙的像素。这类误差在图像处理中称为噪声干扰。它使得图像变质,影响图像质量。因此应及时对噪声进行处理,否则会对后续的处理过程及输出结果产生影响,甚至得出关于裂隙的错误结论。⑤像素统计,在二值图像中只有黑白两种像素,因此可以很方便统计出黑白像素的数目。其中,黑像素代表裂隙,而白像素代表土体,像素之和就代表图片面积。⑥裂隙率计算,本书中主要提取裂隙率,裂隙率定义为裂隙面积占未开裂前土体面积之比(在此不单独考虑土体边沿的收缩,这一部分也计入裂隙),在二值图像上裂隙率就表现为:P=黑色像素数目/总像素数目。

2.4 原状土土样表面裂隙发育形态研究

原状膨胀土土样天然含水率为 24.3%,干密度为 1.57 g/cm³。将不同直径的环刀插入至试验用土样来源地的膨胀土中,当膨胀土充满整个环刀后,利用小平铲将环刀与环刀内的膨胀土整体取出,并对环刀内的膨胀土表面进行刮平处理。原状土土样环刀试件高为 20 mm,直径分别为 ϕ20 mm、ϕ40 mm、ϕ60 mm、ϕ80 mm、

ϕ100 mm。将制备好的原状土土样环刀试件放置于温度设定为 38 ℃的烘箱中进行养护,对烘箱内的膨胀土土样进行观察,根据膨胀土土样表面裂隙的演化状态,每隔一段时间将土样取出进行拍照。试验结束后,对试验资料进行整理。

不同尺寸原状土土样表面裂隙扩展过程经图像处理后裂隙发育过程二值化图如图 2.3～图 2.7 所示。

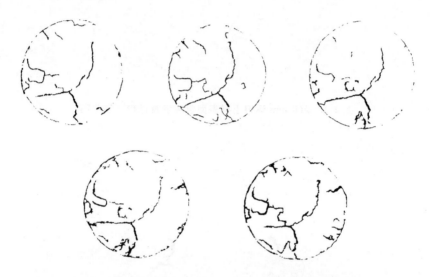

图 2.3 ϕ20 mm 环刀土样表面裂隙发育过程二值化图

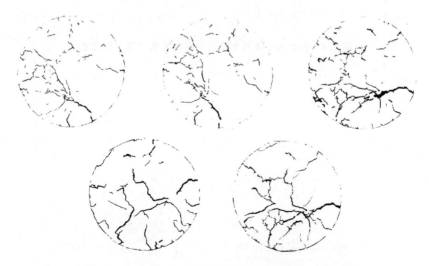

图 2.4 ϕ40 mm 环刀土样表面裂隙发育过程二值化图

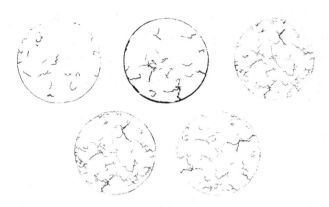

图 2.5 ϕ60 mm 环刀土样表面裂隙发育过程二值化图

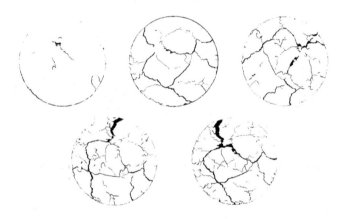

图 2.6 ϕ80 mm 环刀土样表面裂隙发育过程二值化图

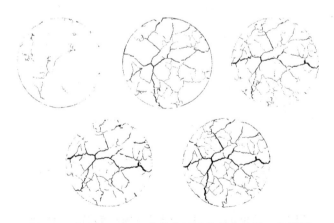

图 2.7 ϕ100 mm 环刀土样表面裂隙发育过程二值化图

五种不同直径环刀原状土土样表面裂隙发育过程总体相似。

(1)ϕ20 mm 的原状土土样表面裂隙较少,生成的裂隙多数为主要裂隙。裂隙扩展初期,生成裂隙形态为"Y"字形,并且生成的裂隙之间不存在连接性。大部分裂隙最初生成于土料中部区域,随着演化扩展进程的进行,裂隙由中部区域向边缘区域延伸扩展,主要裂隙之间逐渐连接并形成裂隙网络。在主要裂隙扩展的同时伴随着次要裂隙的生成,次要裂隙依附于主要裂隙向四周延伸。因此,ϕ20 mm 的原状土土样表面裂隙扩展分为三个阶段:第一阶段为裂隙生成阶段,在该阶段,土料边缘和中部均生成裂隙,中部生成的裂隙数量居多;第二阶段为裂隙进一步演化阶段,在该阶段,已经生成裂隙中的大部分会继续演化成为主要裂隙,并由中部区域向周围扩展,同时,次要裂隙会依附于主要裂隙生成;第三阶段为裂隙的稳定阶段,在该阶段,裂隙不再出现明显的快速增长,而是呈现出稳定的状态。

(2)ϕ40 mm 的原状土土样表面裂隙发育较 ϕ20 mm 的原状土土样裂隙发育明显。生成的裂隙呈现出无规则的状态,主要裂隙之间的连接性不高。大部分裂隙生成于中部区域,并由中部区域向边缘区域扩展。依附于主要裂隙生成的次要裂隙发育程度良好,发育形态呈现出不规则的状态。裂隙发育达到最终稳定状态时,存在一条演化程度高、裂隙宽度大的主要裂隙,并由此裂隙主干发散出大量裂隙"枝干"。因此,ϕ40 mm 的原状土土样表面裂隙扩展分为四个阶段:第一阶段与 ϕ20 mm 的原状土土样裂隙发育相似,均为表面裂隙生成阶段;第二阶段为裂隙深度扩展阶段,在该阶段,裂隙呈现出快速增长的趋势,大部分生成于中部区域的裂隙发育成主要裂隙,次要裂隙开始出现,依附于主要裂隙扩展;第三阶段为裂隙的愈合阶段,在该阶段,裂隙扩展呈现出平缓的状态;第四阶段为裂隙稳定阶段,裂隙增长速度出现短时间的快速增长后变得平稳,表面裂隙不再出现大幅度的变化。

(3)ϕ60 mm 的原状土土样表面裂隙发育与同组其余四组土样均不相同,生成的裂隙并没有明显的主要裂隙与次要裂隙之分,裂隙形态多表现为"X"形和"Y"形,裂隙与裂隙之间的连接性不强,而是表现为裂隙数量较多。因此,ϕ60 mm 的原状土土样表面裂隙发育分为三个阶段:第一阶段为裂隙生成阶段,在该阶段,裂隙主要生成于非边缘区域;第二阶段为裂隙发育阶段,在该阶段,裂隙呈现出快速增长的状态;第三阶段为裂隙稳定阶段,经过第二阶段后生成的表面裂隙,在该阶段不再出现明显的变化。

(4)ϕ80 mm、ϕ100 mm 的原状土土样表面裂隙的扩展情况,与 ϕ40 mm 的原状土土样表面裂隙的扩展情况相似,在此不再重复叙述。

2.5 原状膨胀土裂隙三维空间分布特征

岩土是一种非金属材料,其最大密度小于 3 g/cm³,X 射线可以穿透。不同岩土状态与其内部结构相关联,在不同试验条件下,内部结构可能发生改变。常规岩土试验只能观测土样表面和土样外特性,无法探知土样在试验过程中的内部现象,CT扫描恰好能够弥补这一不足。CT 技术是以计算机为基础,对被测体断层中某种特性进行定量描述的专门技术,该技术开创于 20 世纪 70 年代,发展到现在,CT 技术在扫描方式、扫描速度、重建方式及图像处理等方面都有了长足的进步。CT 扫描能够直接检测到土样内各观测点之间的距离,土样内各观测点的位移,土样内全部或感兴趣区域的 CT 数,土样内裂隙的长度、宽度及其变化过程等。正是因为 CT 扫描技术能够为岩土试验提供如此有价值的试验数据,近年来 CT 技术在各国岩土试验研究中得到了广泛的应用。

国外已成功将 CT 技术运用于岩土工程领域,并取得了显著成果[11]。国内对岩土体 CT 方面的研究始于 20 世纪 90 年代初期。目前,CT 技术在岩土力学研究中的应用日臻广泛与深入,主要集中于土壤大孔隙[12]~[13]、土体结构性[14]、土体裂隙演化[15]等方面。膨胀土作为一种特殊结构土类,CT 技术在其"三性"中的裂隙性方面应用较多,并取得了一系列有意义的研究成果。陈正汉教授[16]是国内最早将 CT技术应用于膨胀土研究的学者之一,在中科院寒旱所的 CT 机上进行了重塑膨胀土干湿循环前后裂隙演化过程试验,提出基于 CT 数据的裂隙损伤变量,并于 2000 年研制出适用于 CT 试验的非饱和三轴剪切仪;随后,对原状膨胀土进行了非饱和三轴剪切 CT 扫描,建立基于 CT 数的强度损伤演化方程,并将该演化方程扩展至非饱和膨胀土弹塑性损伤本构模型,对非饱和膨胀土边坡三相多场耦合问题进行数值计算分析,揭示了膨胀土开挖及气候变化条件下的失稳机理。随后,程展林[17]与胡波、龚壁卫等[18]利用长江科学院 CT 科研工作站对膨胀土干湿循环前后其裂隙演化等特征进行了研究。长安大学雷胜友等[19]也对膨胀土的加水变形、强度特性及结构变化规律等进行了细观分析。总之,国内学者们对于以 CT 扫描为基础的膨胀土特性的细观分析方面的研究逐渐深入,对膨胀土典型的胀缩性、裂隙性及超固结性均有不同程度的涉及。随着对土体裂隙研究的发展,CT 法已经逐渐成为一种主流的裂隙量测方法。

仅研究表面裂隙是无法得知土体内部裂隙发育状况的,因此可采用高精度的工业三维 CT 技术对小尺寸的南阳膨胀土原状样进行扫描,进而研究原状膨胀土裂隙的三维空间分布扩展规律。

1. 原状样 CT 试验仪器及试验过程

采用中国科学院高能物理研究所 XM-Tracer-130 微米焦点工业 CT 系统进行试验。

加工三个平行的原状样,高度 40 mm,直径 61.8 mm,分别编号为 001、002 和 003。

将上述三个土样进行抽真空饱和,将浸水饱和后土样放入恒温恒湿箱进行脱湿,设定恒定温度为 45 ℃,相对湿度为 35%。以 003 土样为例,脱湿前后的膨胀土原状样及其脱湿曲线如图 2.8~图 2.9 所示。

如图 2.8 所示,土样发生明显收缩,表面出现多而细密的裂隙。

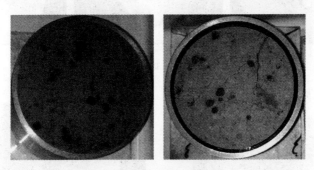

图 2.8　脱湿前后膨胀土原状样

如图 2.9 所示,脱湿曲线图中脱湿曲线前期变化较快,后期变化较为缓慢。

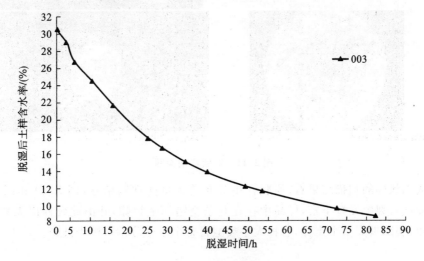

图 2.9　脱湿曲线

2. 原状样 CT 扫描结果

将制备好的土样置于三维 CT 中进行扫描。原状样 CT 扫描结果（三维视图与剖面图）如图 2.10～图 2.11 所示。

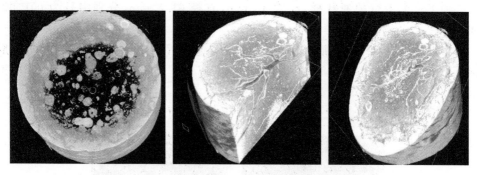

图 2.10 原状样三维视图

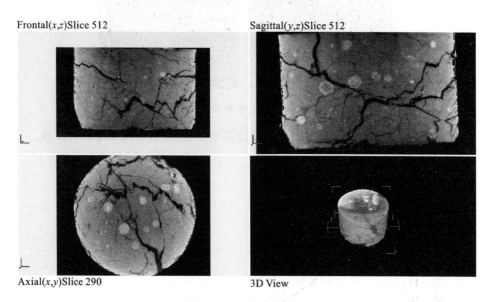

图 2.11 原状样剖面图

从原状样的扫描结果看，原状样中分布着大量的铁锰结核（图 2.10 和图 2.11 中的圆点），裂隙发育丰富，样品中存在几条交错的主裂隙，并由此延伸出无数的细小裂隙，裂隙贯穿整个土样，各种大小裂隙将整个土样分割得极为破碎。

2.6 原状膨胀土干缩开裂微观结构变化特性

土的微观结构是指土在一定的地质环境和条件下,土的颗粒和粒团的排列方式,微孔隙与微裂隙的大小、形状、数量及其空间分布与充填情况,接触与连接方式等所构成的微结构特征。

膨胀土普遍发育有微孔隙与微裂隙,形成其特殊的微结构。在膨胀土脱湿的过程中,其内部的微观结构也会发生剧烈变化。大量的研究表明,膨胀土的裂隙发育、强度衰减、胀缩变形等工程特性在很大程度上取决于其微结构特征。微观结构一方面反映膨胀土的形成条件,另一方面也是决定膨胀土物理力学以及其他性质的重要因素。

膨胀土主要含有蒙脱石、伊利石、高岭石等黏土矿物成分,这些矿物的颗粒大多为鳞片状或扁平状,彼此相互集聚形成叠聚体,构成膨胀土中具有活动性的基本结构单元,一般在黏土中单独存在的黏土矿物颗粒是很少的。即便是由黏土矿物颗粒与颗粒彼此连接形成的叠聚体,也很少单独地存在,而大多是彼此集聚,首尾相互搭接,形成连续非定向排列的黏土基质结构。少量的碎屑物质呈棱角状或次棱角状,悬浮于黏土基质中,彼此互不相连,因此,这些颗粒在土中并不构成膨胀土的受力骨架,所有内外力的传递由黏土基质来承担。研究膨胀土的微结构特征,即研究包括组成膨胀土骨架的基本单元——颗粒,以及颗粒与颗粒之间的相互排列方式,颗粒与颗粒之间彼此的联结性质,裂隙、孔隙及其充填等特征。

采用扫描电镜法和压汞法相结合的方法对原状膨胀土脱湿前后的微结构开展研究,主要研究原状样脱湿前后内部孔隙变化,通过宏观和微观相结合的途径去认识膨胀土脱湿前后的微观结构变化,探讨这些变化对于膨胀土裂隙发育以及渗透性能的影响。

1. 原状膨胀土微观试验

压汞试验采用 Poremaster 33 高压孔隙结构仪进行。该仪器主要用于室内测定土壤、粉体材料等颗粒以及多孔材料的表面积、孔分布以及真密度等特性。

电镜扫描设备为 Qμanta 250 扫描电子显微镜。Qμanta 250 扫描电子显微镜可用于对矿物、岩石、金属、陶瓷、生物等样品以及各种固体材料的微观结构进行观察、分析和研究,具有高真空、低真空和环境真空三种真空模式。土体内部由若干硅氧四面体及铝氧八面体晶胞所组成的片状黏土矿物颗粒,在各种黏结力作用下,按一定组合方式叠聚成黏土矿物粒团。该粒团也称基本结构单元,它以独立的颗粒形式参与土体的力学行为,是独立的力学单元。黏土矿物粒团颗粒细小,表面特征较为复杂,颗粒之间界限难以确定。扫描电子显微镜可以用来观察黏土粒团的形貌特征,粒团之间的相互关系以及粒团内部片状黏土颗粒之间的相互组合关系及粒团内部的孔隙特征。

原状土样品制备:用渗透环刀取样,随后进行抽气浸水饱和操作,用透水石把饱和后的土样轻轻从环刀内推出,然后用涂了凡士林的钢丝锯小心切出长宽高为 10 mm×15 mm×10 mm 的毛坯(选择土样中间部位切取毛坯),再用双面刀片沿毛坯四周环切 1.5 mm 左右,用手小心掰出新鲜断面,得到一块较平整的天然结构面,用刀片把具有天然结构面的毛坯再切成长宽高为 5 mm×8 mm×4 mm 左右的土样,小心放入铝盒(铝盒表面贴上标签并编号,其中 401、402 为抽气浸水饱和的原状样,403 为未经抽气浸水饱和的原状样)[1],按表 2.3 进行处理。

表 2.3　原状样微观试验方案

编号		脱湿环境		试验类型		备注
	编号	温度/℃	湿度/(%)	压汞	电镜	备注
原状样	401	冻干[2]~[4]		√	√	无论采用哪一种土样干燥方法,制备试样过程中都应尽量减少对土样的扰动
	402	45	35	√	√	
	403	冻干		√		

最后将制备好的土样送到微观实验室进行压泵试验和电镜扫描试验。

2.原状膨胀土微观试验结果与分析

(1)压汞试验结果与分析。

压泵试验所得土样不同孔隙孔径分布如图 2.12 所示。

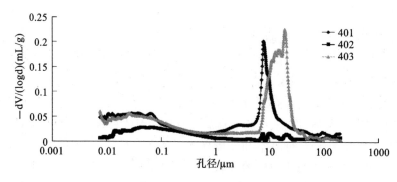

图 2.12 不同孔隙孔径分布

从图 2.12 中可以看出原状土冻干后的孔径分布曲线为单峰曲线,脱湿后的原状样曲线上单峰消失,曲线整体下沉。抽气饱和前后的原状样内部孔隙孔径的分布发生较大的变化,饱和前单峰出现在孔径 6～30 μm 的区域,峰值 0.223 mL/g 对应孔径 18.9 μm,饱和后曲线上的单峰向左移动,出现在孔径 2～20 μm 的区域,同时峰值也略有降低,峰值 0.201 mL/g 对应孔径 7.7 μm。三种土样中孔径 0.1～1 μm 的孔隙体积基本相同,孔径小于 0.1 μm 的孔隙体积饱和后略高于未饱和土样,脱湿后明显增加量减少。即原状样抽气饱和主要影响的是孔径 1 μm 以上的孔隙,使这一部分的孔隙体积缩小;而恒温恒湿箱脱湿使得所有的孔隙体积都缩小,只是缩小的程度不同,缩小最多的是孔径 1 μm 以上的孔隙,其次是孔径 0.1 μm 以下的孔隙,而孔径 0.1～1 μm 的孔隙变化不明显。

土样饱和前后总孔隙体积减小,浸水饱和后膨胀土发生膨胀,内部孔隙变小,孔隙变化主要集中在大于 1 μm 和小于 0.1 μm 的区域,但饱和前后孔隙孔径分布曲线形态基本相似。恒温恒湿箱脱湿试样微观结构变化剧烈,总孔隙体积急剧减小,但脱湿样中孔径大于 10 μm 的孔隙累积体积占总孔隙体积的百分比要远大于冻干样,即土样脱湿后总孔隙体积减小,但大孔隙所占比例急剧增加。

(2)电镜扫描结果与分析。

经过从低倍到高倍,不同视域区间的对比观察分析,选取较具代表性的视域做显微照相。特征区域的电镜图片列于图 2.13 中,放大倍数为 100 倍、800 倍、2000 倍、5000 倍。在用扫描电子显微镜对样品进行观察分析时,采用掰断获得新鲜表面的方法。由于掰断时不会使黏土矿物粒团本身发生破坏,所以很难形成完整光滑的表面,即使是在分析更加微小的区域的情况下,表面也是凹凸不平的。因此,一般用电子显微镜观察到的是整个粒团的形貌特征,其周围区域由于凹陷,故在照片上反映为较暗的部分。

图 2.13 是原状样不同倍数电镜图片,倍数 100 电镜图片中冻干样发育有很多裂隙,脱湿样中孔隙发生了明显的闭合;倍数 800 和倍数 2000 电镜图片中冻干样结构单元体微小,表现为颗粒聚集状,孔隙为集聚体之间的孔隙、碎屑颗粒之间以及黏土矿物粒团与碎屑颗粒之间形成的微小孔隙,脱湿样表现为片状、层状,脱湿样中孔隙也比冻干样明显缩小;倍数 5000 电镜图片中冻干样黏粒连接在一起,形态表现为单一片状,脱湿样黏粒发生脱离,能看到很多的短片状卷起,由于片状矿物的叠聚而形成的微小孔隙,脱湿样中微小孔隙明显较冻干样增多。

(a) 原状样401（冻干）倍数100 　　　(b) 原状样402（脱湿）倍数100

(c) 原状样401（冻干）倍数800 　　　(d) 原状样402（脱湿）倍数800

(e) 原状样401（冻干）倍数2000 　　　(f) 原状样402（脱湿）倍数2000

图 2.13 　原状样不同倍数电镜图片

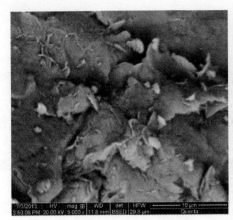

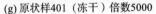

(g)原状样401（冻干）倍数5000   (h)原状样402（脱湿）倍数5000

续图 2.13

2.7　本章小结

从对原状膨胀土室内裂隙试验及微观分析可以得出以下结论。

(1)原状土土样表面裂隙的发育过程可分为四个阶段:第一阶段为主要裂隙生成阶段;第二阶段为主要裂隙继续发育、次要裂隙生成阶段,且次要裂隙的生成均依附于主要裂隙,主要裂隙贯穿于土样,并将土样分为若干区域;第三阶段为裂隙均匀化阶段;第四阶段为裂隙稳定阶段,在该阶段,表面裂隙不再出现明显变化。

(2)原状土土样裂隙没有固定的形态,多以不规则网状呈现,土样的失水、收缩、开裂是一一对应的关系,也是一个统一的过程。

(3)原状土土样中分布着大量铁锰结核,三维空间裂隙发育极为复杂,样品中存在几条交错的主要裂隙,并延伸出细小裂隙,裂隙将整个土样分割得极为破碎。

(4)原状土土样浸水饱和后发生膨胀,内部孔隙变小,孔隙变化主要集中在大于 $1~\mu m$ 和小于 $0.1~\mu m$ 的区域,饱和后总孔隙体积减小,但饱和前后孔隙孔径分布曲线形态基本相似。原状膨胀土土样经恒温恒湿箱脱湿后,微观结构变化剧烈,总孔隙体积急剧减小,但大孔隙所占比例急剧增加。

(5)原状土土样表面特征复杂,孔隙之间的连通情况不好。土样内部黏土颗粒呈片状,集聚体按面-面、面-边接触,集聚体内部黏土矿物片之间主要以面-面接触为主。脱湿前后结构单元体有明显的差别:脱湿前呈片状且连接紧密、片状表面平直;脱湿后颗粒边缘更加清晰可见,片状呈卷曲状,且片状连接有脱离的迹象。

总之,膨胀土裂隙的发生、发展是一个复杂的过程,与环境密切相关,并具有相当的随机性,要想完全弄清其发育规律,还需要进行更多的研究。

本章参考文献

[1] 孙长龙,王福升.膨胀土性质研究综述[J].水利水电科技进展,1995,15(6):10-14.

[2] 包承纲,詹良通.非饱和土性状及其与工程问题的联系[J].岩土工程学报,2006,28(2):129-136.

[3] 殷宗泽,徐彬.反映裂隙影响的膨胀土边坡稳定性分析[J].岩土工程学报,2011,33(3):454-459.

[4] 陈亮,卢亮.土体干湿循环过程中的体积变形特性研究[J].地下空间与工程学报,2013,9(2):229-235.

[5] SKEMPTON A W. Long-term stability of clay slopes. Géotechnique,1964,14(2):77-102.

[6] CHERTKOV V Y. Using surface crack spacing to predict crack network geometry in swelling soils[J]. Soil Science Society of America Journal,2000,64(6):1918-1921.

[7] GREVE A K,ACWORTH R I,KELLY B F J. Detection of subsurface soil cracks by vertical anisotropy profiles of apparent electrical resistivity[J]. Geophysics,2010,75(4):WA85-WA93.

[8] PICORNELL M,LYTTON R L. Field measurement of shrinkage crack depth in expansive soils[J]. Transportation Research Record,1989(12):121-130.

[9] 交通部第二公路勘察设计院.公路路基设计规范[M].北京:人民交通出版社,2004.

[10] 黎伟.压实膨胀土裂隙特征定量化描述方法研究[D].北京:中国科学院大学,2013.

[11] 葛修润,任建喜,蒲毅彬,等.岩土损伤力学宏细观试验研究[M].北京:科学出版社,2004.

[12] ZENG Y,PEYTON R L,GANTZER C J, et al. Fractal Dimension and Lacunarity Determined with X-ray Computed Tomography[J]. Soil Science Society of America Journal,1996,60(6):1718-1724.

[13] 冯杰,郝振纯.CT扫描确定土壤大空隙分布[J].水科学进展,2002,13(5):611-617.

[14] 蒲毅彬,陈万业,廖全荣.陇东黄土湿陷过程的CT结构变化研究[J].岩土工

程学报，2000，22(1):49-54.

[15] 施斌,姜洪涛.在外力作用下土体内部裂隙发育过程的 CT 研究[J].岩土工程学报,2000,22(5):537-541.

[16] 陈正汉,孙树国,方祥位,等.多功能土工三轴仪的研制及其应用[J].后勤工程学院学报，2007,23(4):1-5.

[17] 程展林,左永振,丁红顺.CT 技术在岩土试验中的应用研究[J].长江科学院院报,2011,28(3):33-38.

[18] 胡波,龚壁卫,程展林.南阳膨胀土裂隙面强度试验研究[J].岩土力学,2012,33(10):2942-2946.

[19] 雷胜友,唐文栋,王晓谋,等.原状黄土损伤破坏过程的 CT 扫描分析(Ⅱ)[J].铁道科学与工程学报,2005,2(1):51-56.

3   重塑膨胀土裂隙发育模型试验研究

3.1   引言

膨胀土在天然条件下常处于较坚硬状态,对气候和水文因素有较强的敏感性,在不同的条件及环境因素下裂隙发育表现出不同的特征。本章选定土样均匀性、环境温度、土样尺寸、干湿循环次数等不同因素对裂隙发育的影响展开试验,在试验过程中通过数码摄影来获取清晰可靠的膨胀土平面裂隙图像,并进行图像处理及提取所需的裂隙特征。试验得到的图像是彩色的 RGB 图像,经过处理后得到二值化图像,统计出不同时间对应的裂隙的长度、宽度、数量、角度等性质,通过 MATLAB 处理图像得到不同试验结果中裂隙的长度、裂隙率随时间变化的规律。

3.2   土样均匀性对裂隙发育的影响

通过控制土样最大颗粒来研究土样的均匀性对南阳膨胀土裂隙发育的影响。按以下方法制作两种不同的土样:第一组土样取风干后过 2 mm 筛的土,第二组土样取风干后过 5 mm 筛的土。将两组土样分别置于不同的容器中,加入足量水浸泡,浸泡过程中经常搅拌,时间持续约一周,目的是让膨胀土充分吸水膨胀。

上述工序完成后,再将两组土样分别放置于制好的长宽高为 260 mm × 260 mm ×24 mm 的方形玻璃容器中,将表面刮平。将两个装满土的玻璃容器放在室内(室温保持在 25℃左右),观察其裂隙的发育规律,得到图 3.1 和图 3.2。

图 3.1 和图 3.2 分别反映这两种土样的裂隙发育情况,可以看出,两组土样的发育规律有相似性,但也存在很大差异。

两组土样总的裂隙发育规律相似,主要裂隙于容器一边中点和两个角点开始发生、发展、连通,将土样分成几块,此时次要裂隙才开始发育;次要裂隙形态主要以短直线为主,由开始的微小裂隙开始发展,最终将主要裂隙分隔成的块体进一步分隔成小块。裂隙的发育不是无限发展的,而是存在一个极限,图 3.1(h)和图 3.2(h)为两种土样在室温条件下发育的最终稳定裂隙形态。

观察第一组土样表面裂隙的扩展过程,表面裂隙的扩展始于土料边缘与边角部

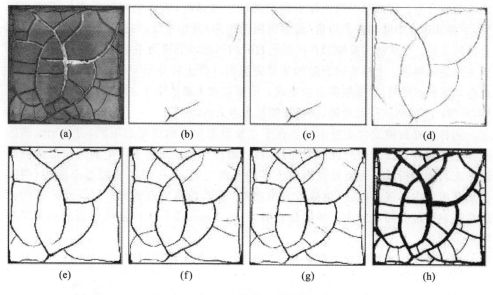

图 3.1　过 2 mm 筛的土样裂隙发育图

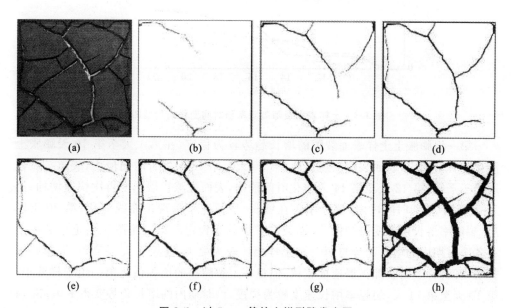

图 3.2　过 5 mm 筛的土样裂隙发育图

分(最多为三个边角),由四周向中心区域延伸扩展。主要裂隙发育形成的连接网将土样分割为几大区域,在主要裂隙继续发育的同时,次要裂隙也不断生成、发育。主要裂隙的形态为椭圆曲线,中心分割区域近似为笛卡儿叶形线;次要裂隙的形态为直线与曲线的混合型。观察第二组土样表面裂隙的发展过程,表面裂隙的发育始于边缘部分,主要从边缘中部和各个边角(最多为两个边角)开始生成,并向土样中部和边缘部分延伸发展。生成的主要裂隙在扩展发育时的形态以折线为主,并逐渐相互延伸连接成主要裂隙网络。土样表面裂隙的主要裂隙网络将土料分成明显的 12 个大区域,形成各大区域的同时,次要裂隙也在生成。次要裂隙主要依附于主要裂隙与土料边缘区域,以"枝干"的形式扩展延伸,次要裂隙形态多为折线。

两种土样裂隙发育主要不同点在于主要裂隙发育曲线形态不同,过 2 mm 筛的土样主要裂隙形成的曲线近似于椭圆曲线,而过 5 mm 筛的土样主要裂隙形成的曲线形态表现为折线。也就是说制备土样的土越均匀,其形成的裂隙形态曲线(裂隙扩展在平面内形成的曲线)越接近光滑曲线,其形态越接近椭圆。过 5 mm 筛的土样最终被裂隙分隔成的小土块棱角分明,与过 2 mm 筛的土样最终形成的小土块有明显区别。

两组膨胀土土样表面裂隙裂隙率随时间变化的折线图如图 3.3 所示。

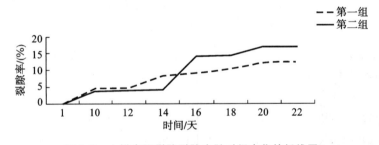

图 3.3　土样表面裂隙裂隙率随时间变化的折线图

第一组膨胀土土样表面裂隙的增长趋势较为稳定,在第 1 天至第 10 天膨胀土演化发育时期内,表面裂隙快速扩展;第 10 天至第 12 天发育时间段内,裂隙扩展速度趋于平缓;第 12 天至第 14 天演化时间段内,表面裂隙扩展速度再次快速增加;第 14 天至第 20 天时间段内,裂隙率仍在增长,增长速率呈现出曲线变化;第 20 天以后,裂隙率增长速率变得缓慢,表面裂隙扩展趋于稳定。第二组膨胀土土样裂隙率在各个时期内的增长趋势与第一组土样相比较为显著,在第 1 天至第 10 天膨胀土扩展期间内,表面裂隙扩展速度较快,但整体上裂隙率的增长值比第一组土样要小;第 10 天至第 14 天,裂隙率增长速度较为缓慢,该时期内的增长趋势变得平坦;第 14 天至第 16 天时期内,裂隙率再次呈现快速增长的趋势,并在第 15 天时,裂隙率值已经超过第一组土样同时期的裂隙率值;第 16 天之后,表面裂隙的裂隙率不再出现快速增长的趋势。

综上所述,两组膨胀土土样表面裂隙扩展过程具有相同点和不同点。相同点为：①表面裂隙的产生均始于土料边缘与边角部分，扩展均由四周向中心区域进行；②均先产生主要裂隙，后产生次要裂隙，并且次要裂隙主要依附于主要裂隙生成；③主要裂隙发育形成连接网络，将土料分割成大小不等的区域；④表面裂隙扩展至一定程度后达到稳定状态；⑤达到稳定状态后，表面裂隙平均宽度数值相差不大。不同点为：①过 5 mm 筛的膨胀土土样的主要裂隙形态以折线为主，过 2 mm 筛的膨胀土土样的主要裂隙形态为椭圆曲线，中心分割区域近似为笛卡儿叶形线；②过 2 mm 筛的膨胀土土样产生的表面裂隙条数比过 5 mm 筛的膨胀土土样产生的表面裂隙条数多；③过 2 mm 筛的膨胀土土样产生的表面裂隙曲线的光滑度比过 5 mm 筛的膨胀土土样产生的表面裂隙曲线的光滑度好；④过 2 mm 筛的膨胀土土样主要裂隙划分形成的连接网络中的小区域较规整，过 5 mm 筛的膨胀土土样主要裂隙划分形成的连接网络中的小区域较杂乱；⑤达到稳定状态后，过 2 mm 筛的膨胀土土样表面裂隙裂隙率比过 5 mm 筛的膨胀土土样表面裂隙裂隙率小。

3.3　裂隙发育的温度敏感性

膨胀土裂隙的发育与温度密切相关，为研究南阳膨胀土裂隙发育的温度敏感性，按前述章节中的制样方式，制备过 2 mm 筛的土样，将制备后的土样装入两组高度为 20 mm，直径分别为 $\phi100$ mm、$\phi79.8$ mm、$\phi61.8$ mm、$\phi50.5$ mm、$\phi20$ mm 的环刀中，其中一组放置于室温条件下，一组置于烘箱中（温度为 105℃），隔一定时间进行拍照，再对照片进行处理。图 3.4 为处理后的裂隙发育过程图。

烘箱中的土样失水快，出现裂隙的时间短，裂隙发育快速，裂隙的发生主要在环刀中间，中间开始出现微小裂隙，然后快速发育，直至边缘。

在试验过程中观察到边缘的土快速下沉，中间的土即裂隙边缘的土在裂隙发育初期比边缘土高很多，但是随着裂隙的发育高度下降，到试验结束时，即裂隙发育基本稳定时，其高度降至与边缘土的高度相同。

室温条件下的土样裂隙从开始发育到发育完全持续时间很长，产生的裂隙主要在边缘，土样表面高度始终保持一致。

两组土样在各自的条件下裂隙发育形态各有其规律性，裂隙都是随着时间发展，直至达到稳定。

两组土样中 $\phi20$ mm 环刀样裂隙发育在试验过程中表现出与其他几种尺寸不同的裂隙发育形态：图 3.4 中室温条件下 $\phi20$ mm 环刀样裂隙发育是从中间开始的，裂隙发育形态类似于烘箱条件下前四种尺寸裂隙发育形态；而在烘箱条件下 $\phi20$ mm 环刀样裂隙发育是从接近边缘开始的，裂隙发育形态类似于室温条件下前

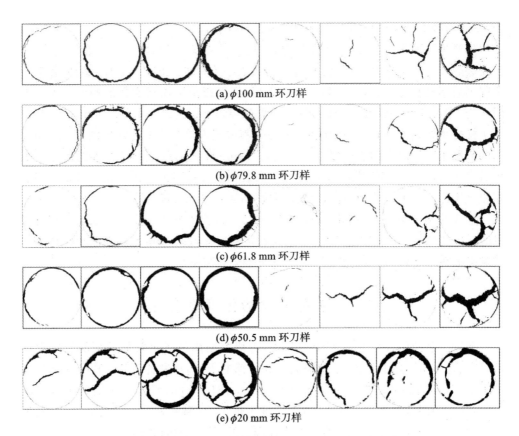

(a) φ100 mm 环刀样

(b) φ79.8 mm 环刀样

(c) φ61.8 mm 环刀样

(d) φ50.5 mm 环刀样

(e) φ20 mm 环刀样

图3.4 室温条件下(1～4)和烘箱条件下(5～8)裂隙发育过程图

四种尺寸裂隙发育形态。

3.4 裂隙发育的尺寸效应

将取回的膨胀土风干,磨碎,过 2 mm 筛,配制成含水率为 24.3% 的土,再加工成干密度为 1.61 g/cm³,高度为 20 mm,直径分别为 φ100 mm、φ79.8 mm、φ61.8 mm、φ50.5 mm、φ20 mm 的重塑环刀土样,进行抽真空饱和操作。

将制备好的饱和土样称量后放入烘箱中,设定烘箱温度为 105 ℃,每隔一段时间将土样取出称量、拍照,试验结束后对试验资料进行整理,以下是试验结果及结果分析。

1.裂隙发育形态分析

图3.5～图3.8分别是直径为 φ100 mm、φ79.8 mm、φ61.8 mm、φ50.5 mm 的重

塑环刀土样表面在试验过程中裂隙发育形态,直径为ϕ20 mm的重塑环刀土样表面在试验整个过程中未产生裂隙。

图3.5、图3.6中的土样在试验过程中裂隙发育规律相似。主要裂隙首先在土样表面中部出现,近似椭圆形,随后主要裂隙宽度扩展,伴随大量的次要裂隙的发生、发展,然后主要裂隙宽度开始减小,并开始均匀化,伴随次要裂隙开始减少,最后大量次要裂隙消失,而留下主要裂隙及少量次要裂隙,最终留下的裂隙宽度基本相同。因此,裂隙的发育过程大体可以分为四个阶段:第一阶段,主要裂隙的发生阶段;第二阶段,主要裂隙宽度扩展,次要裂隙的发生、发展阶段;第三阶段,裂隙的消失及裂隙均匀化阶段,也可称之为裂隙的"自愈"阶段;第四阶段,裂隙稳定阶段,此阶段裂隙基本不再发生变化。

出现上述四个阶段的主要机理如下。初期土体表面与环境热空气直接接触,其脱湿速率明显比土样下部快,同时由于黏性土渗透性差,下部水分不能及时迁移到表面,导致土体内形成了一个表面含水率低、下部含水率高的含水率梯度。表面土体失水开始收缩,而下部土体由于水分没有散失不会产生收缩,反而进一步抑制表面土体的收缩。如此即会在土体表面形成一个拉应力,当该拉应力大于土体强度时,裂隙就开始产生。由于土体表面是均匀受压而成的,其土体表面强度近乎一致,故初始裂隙的形态为网状分布的细小裂隙。由于下部土体限制了收缩的产生,故初期裂隙率表现为迅速上升,而几乎没有产生收缩。

初始裂隙产生之后,为土体下部水分的迁移提供了通道,整体脱湿速率加快,土样开始出现收缩。在这期间,由于表面进一步失水,裂隙进一步扩展,主要表现在宽度的增加上,裂隙率也进一步增加,此阶段裂隙率和收缩率都表现为增加的趋势。

当土体表面的水分充分散失之后,表面裂隙发育基本趋于停止,土体收缩面积增加,这个阶段下部土体的收缩也将促进土体表面的收缩,原本发育的裂隙开始受到收缩带来的压应力,原本细小的裂隙由于受压开始出现闭合,较大的裂隙的宽度也出现一定的降低。此阶段裂隙率由于细小裂隙的闭合以及大裂隙变窄呈现降低的趋势,而收缩面积一直增大。直至最后土样脱湿基本趋于停止,整体含水率趋于不变,裂隙率下降的速度与收缩率上升的速度基本一致,总裂隙率基本趋于稳定。

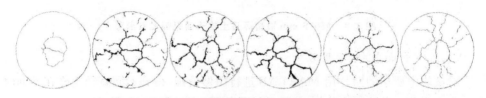

图3.5　ϕ100 mm重塑环刀土样表面裂隙发育形态

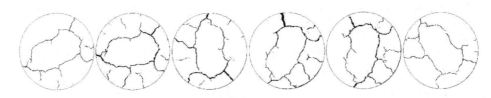

图 3.6　φ79.8 mm 重塑环刀土样表面裂隙发育形态

图 3.7 所示的土样在试验过程中的土样裂隙发育过程与图 3.5、图 3.6 有明显区别,图 3.7 主要裂隙的发育靠近边缘,并且不连通,而是两条近似直线相交,但是也经历上述的四个阶段:第一阶段,主要裂隙的发生阶段;第二阶段,主要裂隙宽度扩展,次要裂隙的发生、发展阶段;第三阶段,裂隙的"自愈"阶段;第四阶段,裂隙稳定阶段。

图 3.8 中的土样在边缘开始出现了少量裂隙,随后开始减小,最后完全闭合。只经历了上述四个阶段中的两个,裂隙的发生阶段,和裂隙的闭合即"自愈"阶段。从上述的试验过程裂隙发育形态分析,可以发现裂隙发育具有很强的尺寸效应,土样尺寸越大,裂隙发育越多、越复杂,但裂隙发育规律相似。土样尺寸越小,裂隙越少,曲线上裂隙发育阶段也会有所减少,当土样尺寸小到一定程度的时候,土样表面不出现裂隙。

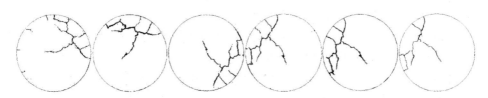

图 3.7　φ61.8 mm 重塑环刀土样表面裂隙发育形态

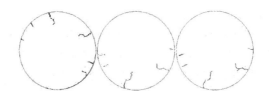

图 3.8　φ50.5 mm 重塑环刀土样表面裂隙发育形态

2.土样表面收缩与开裂

对试验中所拍的照片用 MATLAB 进行图像处理,得到不同直径土样在不同时刻的表面收缩与裂隙发育数据,处理后结果如图 3.9～图 3.11 所示。

从土样面收缩率(收缩面积与原面积之比)与时间关系曲线(图 3.9)中可以看出

不同直径土样的收缩规律相同,都是先缓慢增加,然后收缩加速,收缩曲线上有明显转折点,该点以后收缩明显变缓,最终土样面收缩率趋于一定值,直径为 $\phi100$ mm、$\phi79.8$ mm、$\phi61.8$ mm、$\phi50.5$ mm、$\phi20$ mm 的土样对应的面收缩率分别为 12.41%、13.86%、14.88%、13.51%、13.43%,呈现面收缩率随土样直径减小而先增大随后又减小的趋势,但面收缩率值相差不大,最大差值为 2.47%。

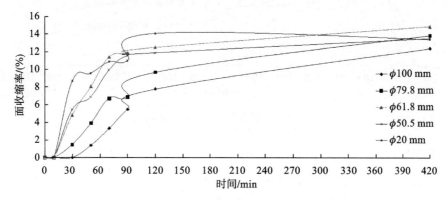

图 3.9　土样面收缩率与时间关系曲线

土样裂隙率与时间关系曲线见图 3.10。图中曲线分别为直径 $\phi100$ mm、$\phi79.8$ mm、$\phi61.8$ mm、$\phi50.5$ mm 土样裂隙面积与收缩后土样面积之比随时间变化的曲线,以及土样裂隙面积与初始土样面积之比随时间变化的曲线。直径为 $\phi20$ mm 的土样未出现裂隙。从图 3.10 可以看出,裂隙率先随时间的推移而增加,增加的幅度很大,当裂隙率增加到峰值以后,开始减小。面积越大的土样,裂隙率峰值越高,但峰值过后裂隙率下降的速度也越快;面积越小的土样,裂隙率也越小,其裂隙到最后能完全闭合。土样面积下降到一定程度时,土样表面不再出现裂隙,只发生收缩。

裂隙和收缩面积与总面积之比与时间的关系曲线见图 3.11。

图 3.11 中,裂隙和收缩面积与总面积之比开始随时间变化不大(15 min 之内),后随时间推移而快速增加,在约 90 min 时有明显拐点,其后变化缓慢。最终直径为 $\phi100$ mm、$\phi79.8$ mm、$\phi61.8$ mm、$\phi50.5$ mm、$\phi20$ mm 的土样对应的裂隙和收缩面积与总面积之比分别为 13.95%、16.08%、16.24%、13.51%、13.43%,呈现随土样直径减小,先增大随后减小的趋势,土样参数最大差值为 2.81%。

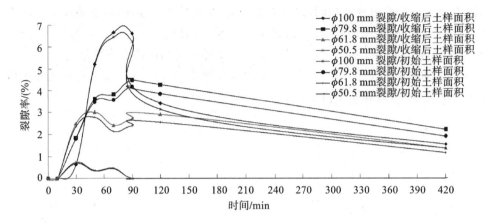

图 3.10　土样裂隙率与时间关系曲线

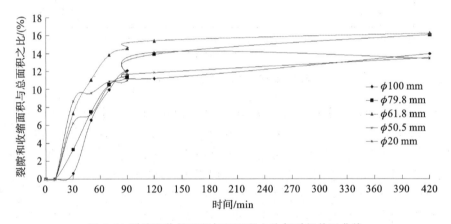

图 3.11　裂隙和收缩面积与总面积之比与时间关系曲线

3.5　不同厚度下膨胀土裂隙扩展规律

由于玻璃的热传导性能好,方便土样的受热,有利于裂隙的发育,采用长宽高为 30 cm×20 cm×20 cm 的长方体玻璃试样盒,热源采用加热灯,开启加热灯提供恒定的温度环境,使土样失去水分,在干燥过程中,裂隙能够扩展发育,如图 3.12～图 3.13 所示。

为研究土层厚度对膨胀土裂隙发育的影响,设置五组试验,除了土样厚度不同,其他条件保持不变。

具体步骤如下。

图 3.12　玻璃试样盒

图 3.13　加热灯

步骤一,配置土样。

把土块锤散过筛,加入适量的水,配成泥浆状。用铲子小心地将土样放入玻璃试样盒中,并将表面抹平。

步骤二,每组试验除了土样的厚度,其他条件保持不变。五组试验的土样厚度分别为 3 cm、6 cm、9 cm、12 cm 和 15 cm。

步骤三,开启加热灯对土样进行加热,分别在加热时间为 5 h、10 h、15 h、20 h、25 h、30 h、35 h、40 h、45 h、50 h 时进行拍照、称重,保证每次拍照的位置固定,记录裂隙开展情况及土样的质量变化情况,在土样表面的裂隙完成发育且不再有新裂隙产生时结束试验,依次完成五组试验的操作。

步骤四,记录试验数据,即每个时间对应的土样质量以及裂隙发育情况,处理得到图片信息。

步骤五,根据得到的图片,提取出裂隙发育过程中特征值的信息,分析不同厚度土样的裂隙扩展规律。

试验所得结果如下。

(1)厚度为 3 cm 土样试验结果。

第一条裂隙在试验开始后 5 h,于土样的中间位置处出现。继续干燥,又出现新的裂隙,土样的表面形成裂隙网络,将土样表面分割成许多多边形的小区域。裂隙由表面向竖直方向延伸,深度增大。在部分多边形的小区域内又出现新的裂隙,在土样四周土体收缩。裂隙深度继续加深,裂隙数量稳定不变,该厚度及试验条件下的裂隙发育完成,试验结束。图 3.14 所示为裂隙图像及处理后二值图像。

以时间为横坐标轴,质量为纵坐标轴,土样在加热干燥过程中的质量变化曲线如图 3.15 所示。以时间为横坐标轴,裂隙数量为纵坐标轴,土样在加热干燥过程中的裂隙数量变化曲线如图 3.16 所示。

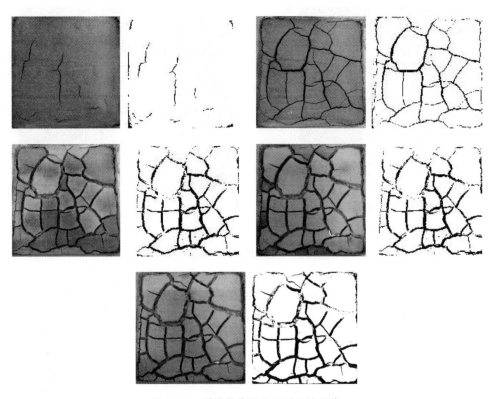

图 3.14　裂隙图像及处理后二值图像

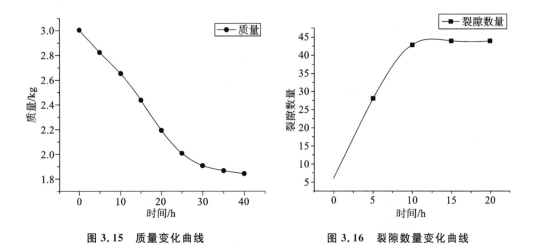

图 3.15　质量变化曲线　　　　　图 3.16　裂隙数量变化曲线

(2)厚度为 6 cm 土样试验结果。

第一条裂隙在试验开始后 7 h,于土样的边缘位置处出现。继续加热,土样失去水分,第一条裂隙长度变长。随后又出现三条裂隙,将土样的表面划分成 6 个大小不同的区域。随着裂隙的深度加深,每块区域之间的距离增大。在小区域内又出现新的裂隙,土体被分割得很细,裂隙数量保持恒定后,该厚度及试验条件下的裂隙发育完成,试验结束。图 3.17 所示为裂隙图像及处理后二值图像,图 3.18~图 3.19 为相应曲线图。

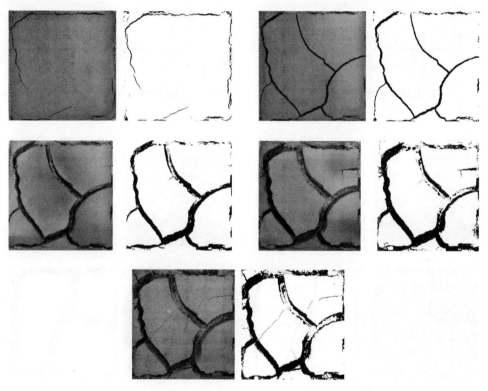

图 3.17　裂隙图像及处理后二值图像

(3)厚度为 9 cm 土样试验结果。

土样失去水分,体积收缩,第一条裂隙在试验开始后 9 h,出现在土样的四周边缘处。随着时间推移,四周的裂隙深度加深,在土样的中央位置又出现新的裂隙。中间的裂隙沿着上方、左方、下方这三个方向延伸,把土样的表面分成 3 个大小不一的区域。土样体积继续收缩,与四周的距离加大,各区域间距扩大,裂隙深度加深。每个小区域又会出现新的裂隙,当裂隙数量保持不变时,在此厚度及温度条件下的裂隙发育完成,试验结束,相关结果见图 3.20~图 3.22。

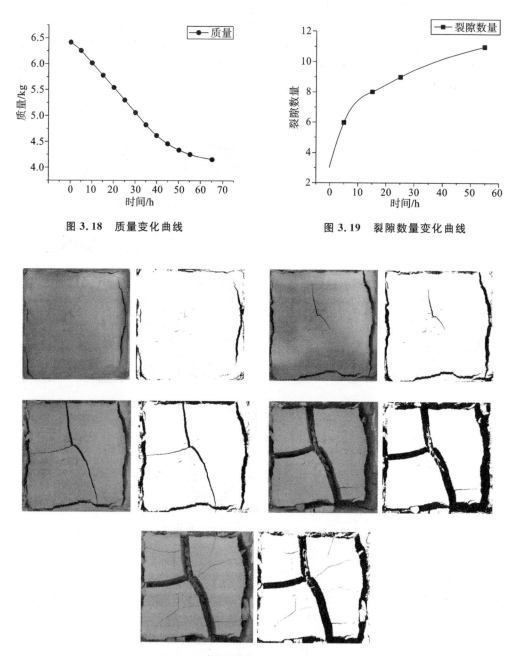

图 3.18　质量变化曲线　　　　　　　　图 3.19　裂隙数量变化曲线

图 3.20　裂隙图像及处理后二值图像

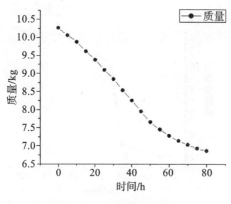

图 3.21 质量变化曲线

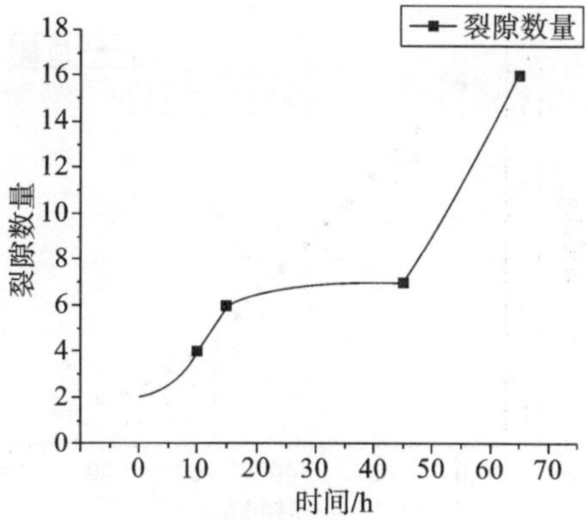

图 3.22 裂隙数量变化表

（4）厚度为 12 cm 土样试验结果。

土样失去水分，第一次出现裂隙是在试验开始后 9 h，在土样的四周和右下位置。随时间推移，裂隙的长度增长、宽度增加。随后，土样中间出现新的裂隙，向上方边缘处和左方边缘处延伸扩展，土样被割裂。裂隙继续发育，土样被分割成 7 个大小不同的区域。当裂隙数量保持不变时，在此厚度及温度条件下的裂隙发育完成，试验结束，相关结果见图 3.23～图 3.25。

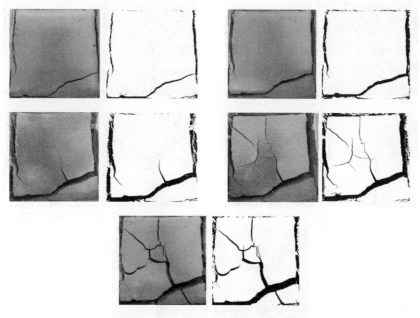

图 3.23 裂隙图像及处理后二值图像

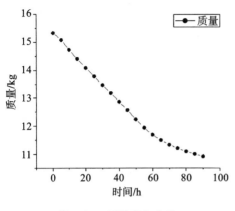

图 3.24 质量变化曲线

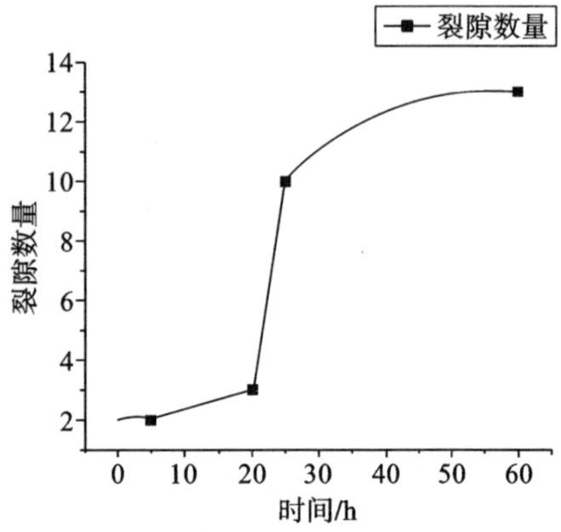

图 3.25 裂隙数量变化曲线

（5）厚度为 15cm 土样试验结果。

裂隙第一次出现是在试验开始后 10 h，在土样的中间位置。随时间推移，裂隙的长度增长、宽度增加，分别向左上方、右上方、下方延伸扩展。土样被分割成 3 个大小不同的区域，在下方区域又出现新的小裂隙。小裂隙继续扩展，当裂隙数量不再变化时，在此厚度和温度条件下的裂隙发育完成，试验结束，相关结果见图3.26～图 3.28。

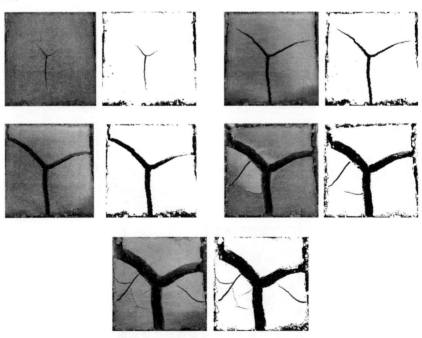

图 3.26 裂隙图像及处理后二值图像

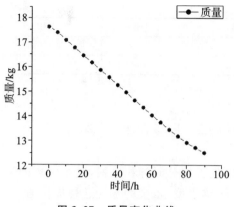

图 3.27 质量变化曲线

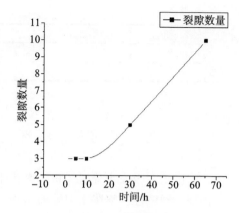

图 3.28 裂隙数量变化

裂隙之间的夹角统计如表 3.1 所示。可以得出裂隙间的夹角多分布在 $80°\sim120°$。

表 3.1 裂隙之间的夹角(°)

第一组	第二组	第三组	第四组	第五组
89	101.7	110.2	113.6	111.4
94	68.7	107.5	80.7	121.8
74.2	90.2	103.3	85.8	143.1
77.8	103.2	85.1	90.3	90.9
118.3	98.5	77	82.5	97.5
131.9	85.8	93.4	80.5	96.6
101.6	99.8	103.6	98.4	81.2
98.4	98	91.4	105	86.5
92.4	35.1	66.1	106.6	79.8
88.2	89.2	161.2	77.5	129.9
110.6	100.8	75.7	106.5	41
100	102	122.2	101.6	49.9
98	121	90.9	133.2	63.4
93.8	106.4	100.4	69.2	
92.3	98.1	168.1		
123.3	115.5	104.9		
115.1	94.2	52.4		
89.1				
81				
84.7				

续表

第一组	第二组	第三组	第四组	第五组
88.2				
96.3				

3.6 不同干湿循环次数下膨胀土裂隙扩展规律

膨胀土在吸收水分时体积增大产生膨胀,失去水分时体积收缩,其中体现的重要特征是裂隙性。膨胀土裂隙的出现会影响土体强度,也会为水分迁移提供通道。因此,膨胀土裂隙发育的研究对分析因降雨形成的膨胀土浅层滑坡等地质灾害有非常重要的意义。

干湿循环对裂隙发育的影响效果显著,本节通过室内试验研究不同干湿循环次数下的膨胀土裂隙发育。试验采用土壤湿度测试仪测定土样含水率,在圆柱形玻璃容器的对应位置放置传感器,试验过程中测定对应位置土样含水率。试验仪器如图3.29~图3.30所示。

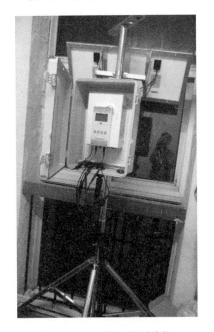

图 3.29 土壤湿度测试仪

图 3.30 圆柱形玻璃容器

在仪器组装过程中,应注意太阳能电池板的朝向要能保证提供整个装置的电量。在相应位置按序号放上传感器,开启仪器,得到从试验开始到结束的土样含水率数据。圆柱形玻璃容器为配合土壤湿度测试仪的使用,从底部开始等距离布置传感器孔位,便于得到相应位置的土样含水率。

试验步骤具体如下。

步骤一,配置土样。

把土块锤散过筛,加入适量的水,配成泥浆状,静置后使用。

步骤二,将土样置于试验装置中。

用铲子小心地将土样放入玻璃容器中,并将表面抹平。

步骤三,开启加热灯对土样进行加热,分别在加热时间为 5 h、10 h、15 h、20 h、25 h、30 h、35 h、40 h、45 h、50 h 时进行拍照,保证每次拍照的位置固定,记录裂隙开展情况。为配合土壤湿度测试仪的使用,等距离布置 6 个传感器,测定加热过程中各个位置的土样湿度变化情况,记录土样湿度变化数据。

步骤四,关闭加热系统,采用喷壶给干燥的土样表面喷水至表面裂隙完全闭合并形成径流。

步骤五,重复步骤四所述过程,将土样反复模拟干湿循环三次。

步骤六,记录试验数据,处理得到的图片信息。

采用烘干和对表面喷水的方法对土样进行干湿循环。为了更好地模拟自然条件下膨胀土的干湿循环作用,烘干时温度控制在 40 ℃左右,每次干循环时间为 24 h,湿循环时间为 24 h。每次干湿循环后,对土样表面进行拍照。为尽量减小拍摄误差,拍照时保证光源均匀,使镜头与土样表面平行,将土样放置在固定位置,在固定位置拍照。提取土样面积、裂隙条数、裂隙总长度、裂隙面积等参数,分析单条裂隙长度变化情况。膨胀土经过一次干湿循环、两次干湿循环后可以得到试验现象:干湿循环次数越多,膨胀土裂隙发育程度越好,裂隙分割土体越细碎。

试验结果如下。

首次脱湿,随含水率降低,土样体积收缩,不产生裂隙,土样面积与含水率呈线性相关关系。随着脱湿次数增加,裂隙条数、裂隙总长度、裂隙面积率增加,可采用生长曲线模型描述单条裂隙长度与含水率关系。

土在初始状态时,含水率较高,黏土颗粒外围的水化膜使颗粒之间存在孔隙。在脱湿过程中,水分蒸发,水化膜变薄,在吸力作用下土颗粒会发生重新排列并逐渐靠拢,孔隙不断缩小,在宏观上表现为土样整体的收缩。

试验部分边缘存在收缩缝,形成侧向临空面,水的浸入一方面使土体沿边缘产生崩解,另一方面引起土体膨胀,使土样边缘的微小收缩缝闭合。裂隙图像及处理后二值图像见图 3.31。

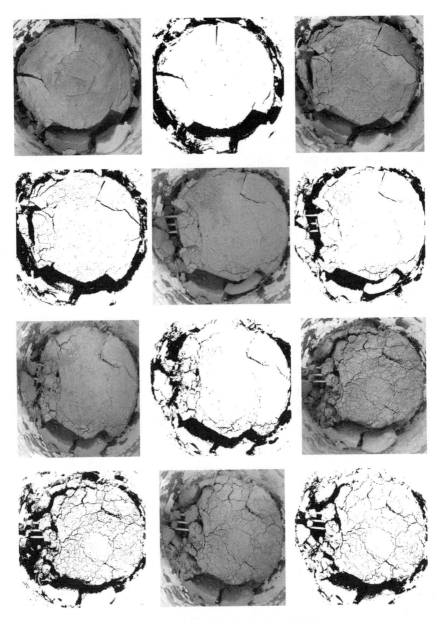

图 3.31　裂隙图像及处理后二值图像

　　6 个传感器对应位置的土样含水率变化曲线如图 3.32 所示,以时间为横坐标,土样的含水率为纵坐标,将每个时间点所对应的含水率绘制于坐标轴内,此曲线反映了含水率随时间变化的规律。

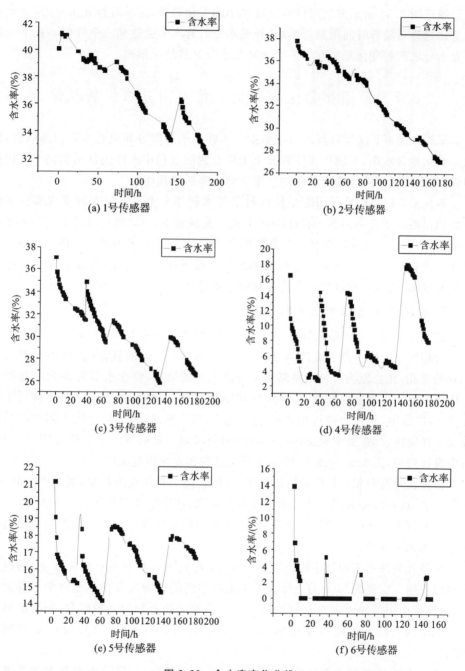

图 3.32 含水率变化曲线

通过图 3.32 所示曲线可以看出含水率的变化趋势,在没有补充水分时,含水率的变化趋势是随着时间增加而减小,补充水分后含水率会达到一个峰值。在下一次补充水分之前的变化趋势与上一次未补充水分时的情况相同。

3.7 不同膨胀土裂隙的三维空间分布扩展规律

采用医用 CT 仪器对较大尺寸膨胀土土样中的裂隙分布进行 CT 扫描试验,获取不同初始含水率、不同压实度膨胀土土样在脱湿过程中土体内部结构的 CT 扫描图像,进而研究不同膨胀土裂隙的三维空间分布扩展规律。

本次 CT 扫描试验采用的是长江科学院水利部岩土力学与工程重点实验室引进的德国西门子公司的 Sensation40 CT 机。在试验中,可以通过对已知均匀密度的标准土样进行 CT 扫描,得到其大范围的平均 CT 数,直接求出其在这种试验条件下的质量吸收系数,然后对试验过程中的 CT 图像进行数值计算,直接推导出土样内部的密度图,实现试验过程中密度变化的定量描述。

1. 不同压实度膨胀土土样 CT 扫描

试验使用过 2 mm 筛的膨胀土土样,分别配置含水率为 35%、30%、25%、18% 的足量膨胀土土样。在长宽高为 25 cm×25 cm×15 cm 的铁盒(盒底均布直径为 1 cm 的圆孔,孔心距为 2 cm)底部垫上合适大小的垫板,将含水率为 30% 的膨胀土土样分三层压入每个铁盒中,压实度分别控制为 80%、75% 和 70%。将土样置于约 30 ℃ 的烘房中,从顶面进行加热脱湿,铁盒四周用泡沫隔热,防止铁盒侧壁因受热导致土样快速收缩,整个脱湿过程持续约两周时间。最后将三个土样分别放入 CT 机中进行扫描,图 3.33～图 3.35 为土样的透视图及纵横截面图。

根据实际观测和 CT 扫描结果可知,土体表面主要体现为收缩,裂缝产生较少,在距离表面约 2 cm 处均产生了水平发育的裂隙,该裂隙发育贯穿整个平面,在上部土体和下部土体之间形成了一个断面,该断面的形成导致表面裂隙形态与下部裂隙形态基本无关联性。

裂隙开裂深度未超过土样高度的一半,土样的下部基本没有裂隙发生,透视图中可以看出压实度为 80% 的土样在上部土样中间的裂隙发育比其他两个土样要丰富,由纵截面图可知压实度为 70% 的土样上部被裂隙分割得比较碎裂,被裂隙横断面分割出的上部土体随压实度的升高整体性越好,在约 1/2 高度及以上有明显收缩。

产生上述现象的主要原因是土体初始含水率较高,压实后表面基本为光滑无孔隙的状态,土体间的连接非常致密,受热时水分不易散失,且侧向土体主要靠铁

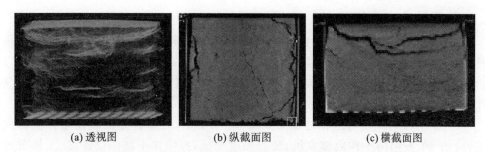

| (a) 透视图 | (b) 纵截面图 | (c) 横截面图 |

图 3.33   压实度 80%土样透视图及纵横截面图

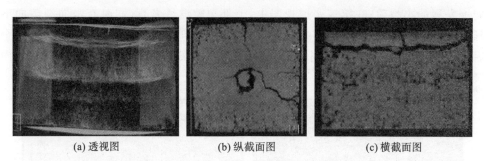

| (a) 透视图 | (b) 纵截面图 | (c) 横截面图 |

图 3.34   压实度 75%土样透视图及纵横截面图

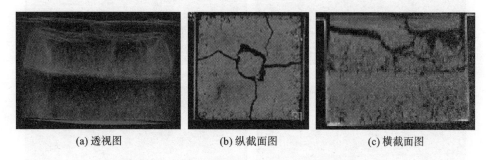

| (a) 透视图 | (b) 纵截面图 | (c) 横截面图 |

图 3.35   压实度 70%土样透视图及纵横截面图

盒产生的反力进行挤密,其密实程度不及表面。受热后土体表层因失水开始收缩,下部土体会抑制其收缩,这样就会在土体表面和土体侧面上部产生一个拉力。由于表面密实度较高,强度较大,不易产生裂隙。所以开裂首先发生在土体侧面上部,随着水分进一步散失,侧面裂隙进一步横向扩展,直至贯穿整个断面。横向裂隙贯穿断面导致下部土体对表层土体的限制减弱,所以土体表面主要表现为收缩,裂隙较少。

2.不同含水率膨胀土土样CT扫描

按上述同样试验过程制备含水率分别为 35%、25%，压实度为 80% 的土样（编号 8035、8025），注意观察裂隙发育，在裂隙开始出现后每两天将样品取出进行 CT 扫描，裂隙发育过程中扫描 3 次，然后将样品烘干至质量基本不变时再扫描 1 次，共计 4 次，得到图 3.36～图 3.37。

8035 土样裂隙发育过程透视图如图 3.36 所示，裂隙首先出现在土样上部周边，沿约 30°方向向土样内部发展；随后角度变缓，裂隙在中间部位连接，土体分成上下两个部分，上部土体最大厚度约为土样的 1/5，底部沿铁盒有孔部位出现垂直向上发展的小裂隙；在第三张透视图中，上部裂隙继续发育，同时有竖向裂隙向下延伸，下部垂直向上发展的小裂隙明显增多，延伸高度也明显增加；土样脱湿完全后，裂隙将土样分成三部分，中部土体在高 1/5～1/2 处，横向裂隙发育丰富，竖向裂隙较少。

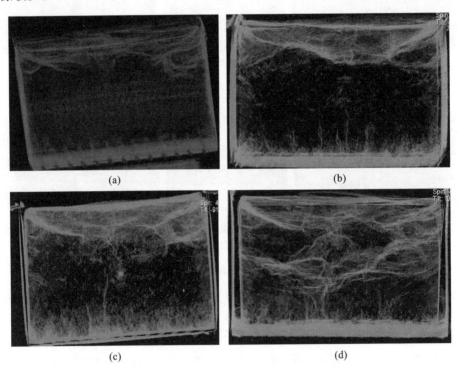

(a)　　　　　　　　　　　(b)

(c)　　　　　　　　　　　(d)

图 3.36　8035 土样裂隙发育过程透视图

8025 土样裂隙发育过程透视图如图 3.37 所示，土样表面和周边出现很多裂隙并以小于 30°方向向土样内部发展，裂隙土层厚度为 1.4 cm；随后上部土层中裂隙进一步横向发育,相互连通;在第三张透视图中,上部裂隙土层中出现竖直向下发展的小裂隙,底部沿铁盒有孔部位出现垂直向上发展的小裂隙;最后,上部裂隙继续发育,裂隙土层的厚度明显增加,土样中有竖向裂隙相互连通,底部垂直向上发展的裂隙高度明显增加,土样侧面出现较多的横向裂隙。

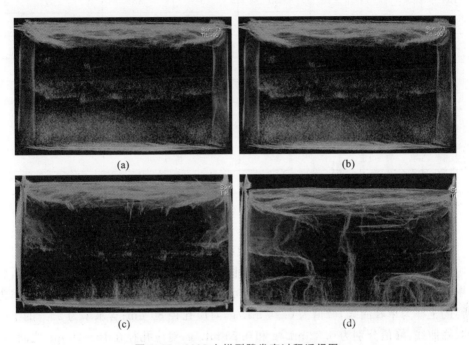

(a)　　　　　　　　　(b)

(c)　　　　　　　　　(d)

图 3.37　8025 土样裂隙发育过程透视图

3.8　膨胀土干缩开裂微观结构变化特性

1. 不同初始含水率重塑膨胀土土样压汞试验

将取回的南阳膨胀土风干后过 2 mm 筛,加入适量的水配置成初始含水率分别为 35%、30%、25%、20%、15% 的土样,将配好的土制成压实度为 80% 的渗透环刀样,随后进行抽气饱和,将饱和后的土样从渗透环刀中推出,再用美工刀从每个推出的土样中切出 4~5 个长宽高为 1 cm×1 cm×4 cm 的长方体,取其中 2 个进行冷冻干燥,其余样品按表 3.2 中所示环境进行脱湿。

表 3.2 不同初始含水率重塑膨胀土土样微观试验方案

编号	初始含水率/(%)	压实度/(%)	脱湿环境		试验类型
			温度/℃	湿度/(%)	压汞
3508	35	80	冻干		√
104	35	80	45	35	√
3008	30	80	冻干		√
103	30	80	45	35	√
206	25	80	冻干		√
306	25	80	45	35	√
207	20	80	冻干		√
307	20	80	45	35	√
208	15	80	冻干		√
308	15	80	45	35	√

对完全干燥后的样品开展压汞试验。

重塑土样冻干样与脱湿样的压汞试验结果见图 3.38～图 3.40。

图 3.38 中冻干样不同孔隙孔径分布曲线随着初始含水率的变化明显不同,含水率为 35% 的土样为单峰曲线,峰值为 0.04 mL/g,对应孔径 8.5 μm;含水率为 30% 的土样为单峰曲线,峰值为 0.26 mL/g,对应孔径 80 μm;含水率为 25% 的土样为双峰曲线,峰值分别为 0.22 mL/g 和 0.25 mL/g,对应孔径在 10～20 μm 之间;含水率为 20% 的土样为三峰曲线,峰值分别为 0.23 mL/g、0.20 mL/g、0.17 mL/g,对应孔径在 10～60 μm 之间;含水率为 15% 的土样为双峰曲线,峰值分别为 0.23 mL/g 和 0.27 mL/g,对应孔径在 9～20 μm 之间。在孔径小于 1 μm 区域内,含水率为 30%、25%、20%、15% 土样曲线基本相似,含水率为 35% 曲线明显低于其余 4 种土样。试验结果表明随初始含水率降低,土样内部孔隙分布由一种孔径孔隙占主导向多种孔径孔隙共同主导的趋势发展,土体内部微观结构更加复杂,这种复杂变化主要发生在大孔径孔隙,而微小孔径的孔隙变化很小。

图 3.39 中脱湿样不同孔隙孔径分布曲线相对于冻干样有明显变化,含水率为 35% 曲线单峰消失;含水率为 30% 曲线单峰依然存在,但峰值下降 0.03 mL/g,对应孔径为 17 μm;含水率为 25% 曲线为四峰曲线,峰值分别下降 0.071 mL/g、0.067 mL/g、0.058 mL/g、0.043 mL/g,对应孔径在 30～100 μm 之间;含水率为 20% 曲线为三峰曲线,峰值下降分别为 0.11 mL/g、0.12 mL/g、0.16 mL/g,对应孔

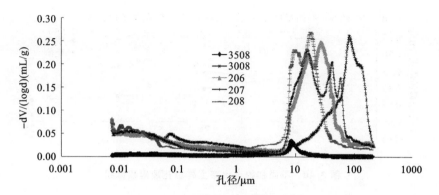

图 3.38　冻干样不同孔隙孔径分布

径在60～110μm之间；含水率为 15％曲线为单峰曲线，峰值下降为 0.14 mL/g，对应孔径为 32 μm。脱湿样相对于冻干样最大的区别在于曲线中的峰值被降低削减，同时波峰向大孔径方向移动。

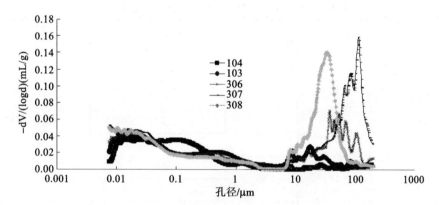

图 3.39　脱湿样不同孔隙孔径分布

图 3.40 显示脱湿样总孔隙累积体积随初始含水率升高而降低，初始含水率为30％、25％、20％、15％的土样冻干后的总孔隙累积体积要远大于脱湿样，说明土样在脱湿过程中发生了较大的收缩，初始含水率为 35％的土样脱湿后的总孔隙累积体积要略小于冻干样，这是由于膨胀土土样在 35％这样的高含水率下充分膨胀，80％的压实度基本上达到该含水率下的最大压实度，因此制成的土样孔隙分布均匀，在使用冻干法制样时没有破坏内部结构，从而形成许多封闭的孔隙，测得的总孔隙累积体积远小于其他的土样；在脱湿过程中细微裂隙发育，孔隙原有的封闭结构破坏，最后测得的总孔隙累积体积要高于冻干样。

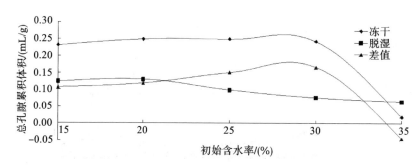

图 3.40　不同初始含水率土样总孔隙累积体积

2. 不同压实度相同初始含水率重塑膨胀土土样微观试验

按上述同样方法制备初始含水率为 18%,压实度分别为 100%、90%、85%、80%、75%、70%的土样,按表 3.3 中所示环境进行脱湿。对完全干燥后的样品开展压汞试验。

表 3.3　不同压实度重塑膨胀土土样微观试验方案

编号	含水率/(%)	压实度/(%)	脱湿环境		试验类型
			温度/℃	湿度/(%)	压汞
18001	18	100	冻干		√
101			45	35	√
18090	18	90	冻干		√
102			45	35	√
201	18	85	冻干		√
301			45	35	√
202	18	80	冻干		√
302			45	35	√
203	18	75	冻干		√
303			45	35	√
204	18	70	冻干		√
304			45	35	√

图 3.41~图 3.43 是初始含水率为 18%,压实度分别为 100%、90%、85%、80%、75%、70%的重塑土样脱湿样与冻干样的压汞试验结果。

图 3.41 中冻干样的曲线随压实度减小呈现由单峰到多峰、峰值由低到高的发

展趋势,压实度较小的土样孔隙分布曲线在压实度大的土样之上,且波峰位置随着干密度的减小往右偏移;曲线上孔径处于 0.1~10 μm 区域的孔隙含量很少,这一段曲线为近似直线段,孔径小于 1 μm 区域各种压实度下的曲线几乎一致,说明在初始含水率相同的情况下,压实度对土中小孔隙大小和分布的影响很小,也就是说压实度的变化对于土中微结构孔隙几乎没有影响,压实度升高使得土体内部压缩挤密,孔隙变形主要发生在黏土颗粒集聚体之间。

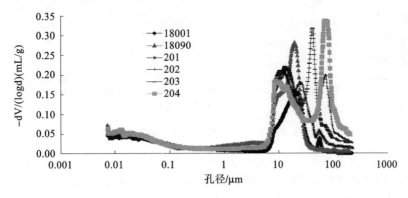

图 3.41　冻干样不同孔隙孔径分布

图 3.42 中脱湿样中的曲线多为单峰曲线,单峰随压实度的减小向右(大孔隙方向)移动,峰值随压实度的减小而增加,各个土样孔径小于 10 μm 区域曲线基本一致。脱湿前后曲线发生变化最大的是孔径大于 10 μm 区域,其次是孔径小于 0.1 μm 区域,孔径 0.1~10 μm 区域的孔隙变化较小。说明土样脱湿前后的内部结构虽然发生了很大的变化,但是同种环境下脱湿对不同压实度的土样造成的影响是相同的。

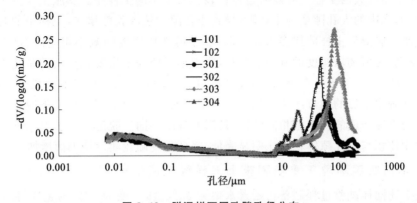

图 3.42　脱湿样不同孔隙孔径分布

图 3.43 中表明冻干样、脱湿样的总孔隙累积体积随压实度减小而增加,脱湿后

孔隙减少1/3左右,孔隙体积的减少量先随压实度减小而增加,后随压实度减小而减小,其差值约为0.1 mL/g,其中压实度85％的土样脱湿前后总孔隙累积体积的差值最小。

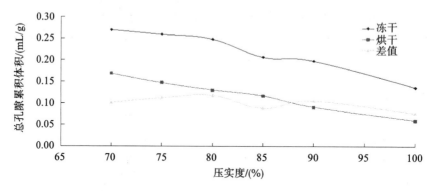

图3.43　不同压实度土样总孔隙累积体积

　　总之,相同的含水率而不同的压实度的重塑膨胀土土样孔隙分布形式有较大差异。孔径分布曲线随压实度的减小呈现由单峰到多峰、峰值由低到高的发展趋势,压实度较小的土样孔隙分布曲线在压实度大的土样之上,且波峰位置随着干密度的减小往大孔径方向偏移。孔径小于1 μm区域各种压实度下的压汞曲线几乎一致,说明在初始含水量相同的情况下,压实度对土中小孔隙分布的影响很小,集聚体内部孔隙的大小与分布保持着相对的稳定状态,也就是说压实度的变化对于土中微结构孔隙几乎没有影响。孔隙变形主要发生在黏土颗粒集聚体之间,压实度升高使得土体内部压缩挤密,集聚体及碎屑颗粒之间更加紧密,从而使大孔隙的平均孔径减小,因此压实度大的土样大孔隙所占体积较压实度小的土样小。膨胀土脱湿干燥时孔隙收缩,土中的大孔隙变为小孔隙,导致小孔隙和超微孔隙增多,土样中的总孔隙体积减小。脱湿后土样曲线多为单峰曲线,单峰随压实度的减小相应向右(大孔隙方向)移动,峰值随压实度的减小而增加,脱湿前后曲线发生变化最大的是孔径大于10 μm区域,其次是孔径小于0.1 μm区域,孔径0.1~10 μm区域的孔隙变化较小,说明土样脱湿前后的内部结构虽然发生了很大的变化,但是同种环境下脱湿对不同压实度的土样造成的影响是相同的,只是影响程度不同。脱湿后大于10 μm孔径的孔隙累积体积与总孔隙体积之比明显降低,降低程度随压实度增加而增加。

　　3.不同脱湿环境下重塑膨胀土土样微观试验

　　按上述同样试验过程制备初始含水率为35％、压实度为80％的土样,按表3.4中所示环境进行脱湿。对完全干燥后的样品开展压汞试验。

表 3.4 不同脱湿环境下重塑膨胀土土样微观试验方案

编号	含水率/(%)	压实度/(%)	脱湿环境		试验类型
			温度/℃	湿度/(%)	压汞
105	35	80	106	—	√
106	35	80	75	—	√
3508-风干	35	80	风干	—	√
3508	35	80	冻干	—	√
104	35	80	45	35	√

图 3.44～图 3.45 为初始含水率为 35%、压实度 80% 的重塑土土样在不同脱湿环境下脱湿的压汞试验结果,105 为在 106 ℃ 烘箱烘干样,106 为在 75 ℃ 烘箱烘干样,3508-风干为在室温环境下风干样,3508 为冻干样,104 为在温度 45 ℃、湿度 35% 恒温恒湿箱中的脱湿样。

从结果可以看出:相同膨胀土用不同方式脱湿后其内部孔隙变化各不相同,孔隙分布曲线的差异性是很大的,脱湿后的孔隙变化主要发生在孔径大于 7 μm 的孔隙。

图 3.44 为不同孔隙孔径分布曲线,其中 75 ℃ 脱湿样曲线单峰峰值达到 0.42 mL/g,对应孔径 7.7 μm;106 ℃ 脱湿样曲线为三峰曲线,其中最高峰值为 0.085 mL/g,对应孔径 92 μm。风干样的曲线为三峰曲线,其中最高峰值为 0.042 mL/g,对应孔径 16 μm。冻干样为单峰曲线,恒温恒湿下脱湿样中孔径大于 1 μm 的孔隙体积极小。

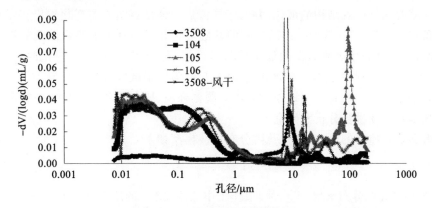

图 3.44 不同孔隙孔径分布图

图 3.45 中不同脱湿环境下重塑膨胀土土样总孔隙累积体积大致随温度升高而增加。低温脱湿干燥的土样测定的孔径小于 1 μm 孔隙体积占总孔隙累积体积的比例要高于高温脱湿干燥的土样,而孔径大于 1 μm 孔隙体积占总孔隙累积体积的比例则相反。

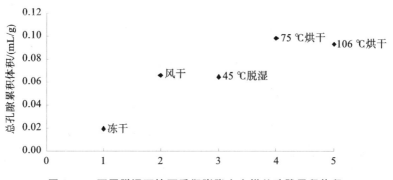

图 3.45　不同脱湿环境下重塑膨胀土土样总孔隙累积体积

4. 压汞试验模型分析

随着压汞试验和电镜扫描试验的发展,越来越多的研究者开始关注土体微观结构在各种条件下的变化规律,并且在这方面已经有了大量研究[1]~[4],但关于脱湿环境、压实度和初始含水率的变化对于膨胀土微观结构的影响仍缺少研究成果。随着压汞试验被广泛应用到土体微观结构研究当中,分析和处理压汞试验数据的模型也越来越多,Simms 等[5]在压汞试验的基础上提出了考虑孔隙分布和演化的土-水特征曲线模型。Cuisinier 等[6]则利用压汞试验数据定性地分析了水力加载和力学加载时土体微观结构的演变规律。Li 等[7]使用压汞试验和电镜扫描试验详细研究了力学加载时土体微观结构的演化,并对于脱湿后土体微观结构的变化提出了定量公式。黄启迪等[8]在 Li 等[7]提出的公式的基础上建立了一种考虑参数演化的孔隙分布曲线模型,并利用试验数据验证了该数学模型预测孔隙分布曲线变化的可行性,便于再现脱湿过程中土体内部微观结构的演变,为压汞试验数据分析提供了一种定量分析的手段。下面将利用该模型对不同脱湿环境、压实度和初始含水率膨胀土内部微观结构演变进行分析和研究。

根据黄启迪等的研究,建立孔隙分布曲线模型如下。

$$f(r) = \frac{\mathrm{d}(v(r))}{\mathrm{d}r} \tag{3-1}$$

式中:$f(r)$ 为孔隙分布函数;$v(r)$ 为 1 g 干土中孔径大于 r 的压汞累积体积。

孔隙分布曲线可以通过压汞试验数据获得,黄启迪等[8]在此模型的基础上提出了用三个参数描述脱湿过程土体微观结构的变化规律。这三个参数分别为平移量

K、压缩量 ξ 以及分散程度 η。平移量 K 为曲线的平移量,表示孔隙分布曲线平均半径的变化,$K>0$ 时,平均孔径增大,$K<0$ 时则减小。压缩量 ξ 表示总孔隙变化中宏观孔隙变化所占的比例。分散程度 η 表征的是模型曲线的离散程度,当 $\eta>1$ 时,孔隙半径分布范围较大,而 $\eta<1$ 时,则孔隙半径分布范围较集中,在平均孔径附近分布。平移量 K、压缩量 ξ 和分散程度 η 根据以下公式得到。

$$\int_0^{+\infty} f(r)\mathrm{d}r = \int_R^{+\infty} Bf_\mathrm{M}(r)\mathrm{d}r + \int_0^R bf_\mathrm{m}(r)\mathrm{d}r \tag{3-2}$$

$$Bf_\mathrm{M}(r) = \frac{B}{\sqrt{2\pi}\sigma_\mathrm{M} r}\exp\left\{-\frac{(\ln r - \mu_\mathrm{M})^2}{2\sigma_\mathrm{M}{}^2}\right\}, r \geqslant R \tag{3-3}$$

$$bf_\mathrm{m}(r) = \frac{b}{\sqrt{2\pi}\sigma_\mathrm{m} r}\exp\left\{-\frac{(\ln r - \mu_\mathrm{m})^2}{2\sigma_\mathrm{m}{}^2}\right\}, r < R \tag{3-4}$$

$$B = \int_R^{+\infty} f_\mathrm{M}(r)\mathrm{d}r \tag{3-5}$$

$$b = \int_0^R f_\mathrm{m}(r)\mathrm{d}r \tag{3-6}$$

式中:R 为宏观孔隙和微观孔隙的分界孔径;B 和 b 分别为宏观孔隙和微观孔隙分布曲线与横坐标围成的图形面积;μ 表示孔隙的平均半径;σ 为孔隙分布曲线的分散程度。

根据以上公式可以得到 B、b、μ 和 σ,平移量 K、压缩量 ξ 和分散程度 η 可以根据这几个参数计算得到,计算公式如下。

$$K = \mu - \mu_0 \tag{3-7}$$

$$\eta = \frac{\sigma}{\sigma_0} \tag{3-8}$$

$$\xi = \frac{b}{b_0} \tag{3-9}$$

式中:参数的下标 0 表示初始状态,无下标则表示当前状态。

从计算公式可以发现,这个模型实质就是使用正态分布来近似模拟孔隙分布曲线,然后利用正态分布的均值和标准差作为参数来描述微观孔隙的变化规律。下面利用平移量 K、压缩量 ξ 和分散程度 η 三个参数来分析脱湿环境、压实度和初始含水率的变化对于膨胀土脱湿后微观结构的影响以及演变规律。

(1)不同脱湿环境膨胀土压汞试验结果与分析。

根据压汞试验所获得的数据,得到不同脱湿环境膨胀土孔隙分布曲线图,可以看出不同脱湿环境孔隙分布基本呈现出单峰或者双峰曲线,适合使用正态概率密度函数对其进行描述。大量研究成果表明冻干法脱湿后的土体和脱湿前土体内部结构基本相同,因此可以近似地将冻干法脱湿土样视作脱湿前的原始状态土样,即可以使用冻干法土样压汞试验数据来得到 μ_0、σ_0 和 b_0。不同脱湿环境土样计算得到的 K、ξ 和 η 列于表 3.5 中。

表 3.5　不同脱湿环境膨胀土微观结构模型参数计算结果

试验土样	K	ξ	η
104 恒温恒湿样	-2.56115176	3.41269841	2.46348284
105 烘干样	6.24595379	4.90476190	2.35085893
3508 风干样	-1.38852249	3.49735450	2.18112037

从计算结果可以发现,104 恒温恒湿样和 3508 风干样的平移量 K 均小于 0,而 105 烘干样平移量 K 大于 0,说明经过恒温恒湿法和风干法脱湿后,土体内部孔隙平均孔径减小,孔隙发生闭合,脱湿过程中原本体积占优的中小孔隙缩小,而转变为更小的孔隙和微观孔隙,而烘干法脱湿后内部孔隙平均孔径增大,脱湿过程中占优的中小孔隙转变为大孔隙。所有脱湿法的压缩量 ξ 均大于 1,说明三种脱湿环境均会使总孔隙体积增大,这主要是因为中小孔隙数量增多,虽然大孔隙减少,但是中小孔隙增加的孔隙体积比大孔隙减小的孔隙体积多,导致总孔隙体积增大。从表 3.5 中还发现所有脱湿法的分散程度 η 均大于 1,这说明孔隙分布曲线趋于扁平,孔隙半径的分布范围变大,孔隙孔径变得大小不一,表明各脱湿环境下的脱湿过程均使得孔隙分布均匀,不再集中在平均孔径附近。这主要是因为在脱湿过程中一部分大孔隙发生坍缩而转变成中小孔隙,另一部分大孔隙则没有发生改变,使得孔径分布范围扩大。

(2)不同压实度膨胀土压汞试验结果与分析。

按照前文同样的方法和步骤,根据压汞试验数据得到不同压实度膨胀土孔隙分布曲线图,将压实度最低的土样视为初始状态的土样,即以 204(70%压实度)土样作为初始状态,利用 204 土样孔隙分布曲线来计算 μ_0、σ_0 和 b_0,将计算得到的 K、ξ 和 η 的结果列于表 3.6 之中。

表 3.6　不同压实度膨胀土微观结构模型参数计算结果

试验土样	K	ξ	η
18001(100%压实度)	-11.5121604	0.50482196	0.48136587
201(85%压实度)	-8.21315958	0.76372404	0.80360578
202(80%压实度)	-4.2571552	0.91913947	0.81953543
203(75%压实度)	-5.7553161	0.96216617	1.00769344

将表中数据绘制成图,如图 3.46 所示。

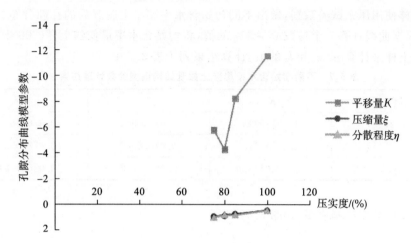

图 3.46　压实度与模型参数关系图

从图 3.46 可以看出,平移量 K 均小于 0,且随着压实度的增加,K 呈现出先增大后减小的变化趋势,而压缩量 ξ 均小于 1,且随着压实度的增加而减小,除了与 204 土样压实度最接近的 203 土样分散程度 η 约为 1 以外,其他试验土样的分散程度 η 都小于 1,且也随着压实度的增加而减小。

平移量 K 小于 0,意味着平均孔隙大小在减小,大孔隙在向小孔隙转变,平移量 K 越小,孔隙转变的越多。从平移量 K 随压实度的增加而减小可以看出随着压实度的增加,土体内部大孔隙向小孔隙转变,平均孔径朝着微小孔径方向转移。

压缩量 ξ 小于 1 意味着总孔隙体积在减小,且压缩量 ξ 越小,总孔隙体积就越小,因此随着压实度的增加,土体内部总孔隙体积在不断减小,这是因为压实度越高,大孔隙所占的比例越少,微小孔隙数量越多,进而使孔隙总体积呈现出不断减小的趋势。

分散程度 η 表征的是孔径分布特性,η 小于 1,意味着孔径分布范围缩小,分布越集中,主要分布在平均孔径附近,而 η 大于 1,则意味孔径分布分散。因此随着压实度的增加,分散程度 η 越来越小,且基本都小于 1,说明压实度越大,膨胀土内部孔径分布越集中,这是因为越来越多的大孔隙转变成中小孔隙,而压实度对中小孔隙的影响比对大孔隙的影响小,只有少量中小孔隙转变为微孔隙,从而使得孔径集中分布在中小孔隙附近。

（3）不同初始含水率膨胀土压汞试验结果与分析。

同样使用压汞试验数据，做出不同初始含水率膨胀土脱湿后的孔隙分布特征曲线图，根据曲线计算三个参数 K、ξ 和 η 的值，将初始含水率最低的土样（208 土样）作为原始土样来计算 μ_0、σ_0 和 b_0 的值，计算结果列于表 3.7 中。

表 3.7　不同初始含水率膨胀土微观结构模型参数计算结果

试验土样	K	ξ	η
207(20%)	4.09193719	1.07352941	0.87602809
206(25%)	3.19251199	1.07698962	0.87250923
3508(35%)	−3.03043229	0.08174740	0.08631254

将表中数据绘制成图，如图 3.47 所示。

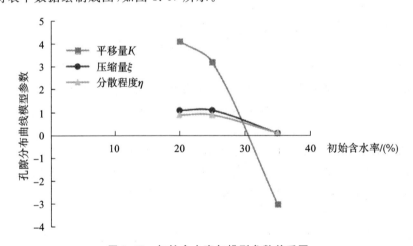

图 3.47　初始含水率与模型参数关系图

从图 3.47 可以发现，平移量 K 与初始含水率基本呈现递减的关系，但是 206 土样和 207 土样的平移量 K 大于 0，而 3508 土样的平移量 K 小于 0，因此该过程可分为两阶段：第一阶段为平移量 K 从大于 0 的数减少到 0 的阶段，这个阶段土样的平均孔径比原始土样的大，即大孔隙所占比例更高，但是随着初始含水率的增加，大孔隙开始向中小孔隙，甚至微孔隙转变，直到平移量 K 等于 0 为止，平均孔径大小与原始土样平均孔径一致；第二阶段为平移量 K 从 0 开始减小的阶段，这阶段大孔隙继续转变为中小孔隙和微孔隙，此时土样平均孔径已经逐渐小于比原始土样的平均孔径。

同样从表 3.7 中可以发现，207 土样和 206 土样的压缩量 ξ 均大于 1，而 3508 土样的压缩量 ξ 小于 1，即随着初始含水率的增加，膨胀土内部总孔隙体积先有一个微小的增加,然后开始迅速减小,这个过程存在一个最大总孔隙体积所对应的初始含水率,将其称为最大孔隙体积初始含水率,这个值可以通过试验获得。

分散程度 η 尽管都小于 1,但是从 206 土样到 3508 土样之间有个急剧的减小,因此随着初始含水率的增加,孔径分布越来越集中,越来越多的孔隙孔径向平均孔径靠拢,且 25% 初始含水率和 35% 初始含水率之间存在一个分散效果最明显的初始含水率的值,可以称为最大分散初始含水率,这个值可以通过试验求得。

目前由于试验数据的限制,无法将最大孔隙体积初始含水率和最大分散初始含水率的值计算出来,但是可以作为以后的研究方向。

3.9　干湿循环裂隙膨胀土电镜试验研究

干湿循环裂隙膨胀土电镜试验采用的是武汉轻工大学 S-3000N 电子扫描式显微镜,通过电镜扫描对六组不同含水率土样表面形态进行观察分析。

取土样,经过三次干湿循环后,待土样上部裂隙完全发育后,先用取土铲小心地将 1～6 号对应位置四周的土慢慢切开、挖掉,断绝土样与土体的联系,再用取土铲轻轻地取出土样,注意减少对土样的扰动,将取出的土样放在器皿中,并给器皿编上序号。将取出的土样放在阴凉、干燥、通风的地方,静置干燥三个月,保证土样在这种自然状态下完全风干,待用。从 1～6 号中依次取出一小部分,制作扫描电镜试样,进行电镜试验。电镜试验的放大倍数为 100 倍、500 倍、2000 倍。利用扫描电镜图像,探究膨胀土的颗粒形态、结构类型、裂隙分布等特征,并定量分析孔隙和微结构单元体的微观特征,研究膨胀土的微观结构特征和工程特性。

1～6 号位置土样电镜图像如图 3.48～图 3.53 所示。

1 号位置所得结果分析:图 3.48 中放大 100 倍所得图像和肉眼观察到的一样,可以看到土样表面存在由于干湿循环形成的裂隙;放大 500 倍得到的图像,可以看到土颗粒之间出现了孔隙;放大 2000 倍得到的图像,可清晰看到土颗粒是团聚体,呈无序排列。

2 号位置所得结果分析:图 3.49 中放大 100 倍所得图像和肉眼观察到的一样,可以看到土样表面均匀致密;放大 500 倍得到的图像,可以看到叠聚体之间的排列方式是有向密集排列;放大 2000 倍得到的图像,可见土颗粒之间出现裂隙,叠聚体呈有向排列。

3 号位置所得结果分析:图 3.50 放大 100 倍所得图像和肉眼观察到的一样,可以看到土样表面均匀致密;放大 500 倍得到的图像,可以看到叠聚体之间的排列方式是有向密集排列,相比 2 号位置的单个叠聚体范围更大;放大 2000 倍得到的图像,可见土颗粒之间出现裂隙,叠聚体呈密集排列。

(a) 放大100倍所得电镜图像　　(b) 放大500倍所得电镜图像　　(c) 放大2000倍所得电镜图像

图 3.48　1 号位置土样电镜图像

(a) 放大100倍所得电镜图像　　(b) 放大500倍所得电镜图像　　(c) 放大2000倍所得电镜图像

图 3.49　2 号位置土样电镜图像

(a) 放大100倍所得电镜图像　　(b) 放大500倍所得电镜图像　　(c) 放大2000倍所得电镜图像

图 3.50　3 号位置土样电镜图像

　　4 号位置所得结果分析：图 3.51 中放大 100 倍所得图像和肉眼观察到的一样，可以看到土样表面已经因为干湿循环形成裂隙，裂隙将土体分割成不同区域；放大 500 倍得到的图像，可以看到土颗粒平层均匀排列，土颗粒之间出现了孔隙；放大 2000 倍得到的图像，可清晰看到土颗粒之间的裂隙，土颗粒为团状叠聚体，呈半有向排列。

　　5 号位置所得结果分析：图 3.52 中放大 100 倍所得图像和肉眼观察到的一样，土样表面有小颗粒；放大 500 倍得到的图像，可以看到土块之间片状排列，土颗粒之间出现了较大的孔隙；放大 2000 倍得到的图像，可清晰看到土颗粒之间的微裂隙。

(a) 放大100倍所得电镜图像　　(b) 放大500倍所得电镜图像　　(c) 放大2000倍所得电镜图像

图 3.51　4 号位置土样电镜图像

(a) 放大100倍所得电镜图像　　(b) 放大500倍所得电镜图像　　(c) 放大2000倍所得电镜图像

图 3.52　5 号位置土样电镜图像

6 号位置所得结果分析:图 3.53 中放大 100 倍所得图像和肉眼观察到的一样,可以看到土样表面的颗粒;放大 500 倍得到的图像,可以看到土体呈片状排列,土颗粒之间出现了孔隙;放大 2000 倍得到的图像,可清晰看到土颗粒呈片状均匀分布,并形成裂隙通道。

(a) 放大100倍所得电镜图像　　(b) 放大500倍所得电镜图像　　(c) 放大2000倍所得电镜图像

图 3.53　6 号位置土样电镜图像

膨胀土在干燥失水时孔隙收缩,土中的大孔隙变成小孔隙,导致小孔隙和超微孔隙增多,黏土集聚体本身自然存在的孔隙、黏土集聚体内部片状矿物以及因为叠聚形成的孔隙组合形成了膨胀土孔隙。膨胀土表面形态复杂,各个孔隙间的连通性差。膨胀土土样内部的黏土颗粒呈片状,面-面接触、面-边接触是集聚体常见接触方式,其中面-面接触是集聚体内部黏土矿物片之间主要的接触方式。膨胀土干燥失水之前的单元体与经过干燥失水之后的单元体之间存在显著区别。失水前的结构单元体是表面平直且紧密连接的片状,失水后的结构单元体土颗粒的边缘更为突出,各片状表面的形态呈卷曲状,并且片状之间脱离连接。

从以上扫描电镜试验可以得到如下结论。

(1)放大 100 倍得到的图片和肉眼直接观察到的相同。

(2)集聚体吸水时"片-片"膨胀,失水时"片-片"收缩,从而展现出明显的胀缩变形;而团聚体不容易出现这种胀缩效果。片聚体之间的接触方式有:边-面接触、面-面接触、面-角-边接触。单元体之间的接触连接并不紧密,呈开放式。从空间排列形式上看,采用面-面接触形式的叠聚体在排列方向上和黏土片的排列方向一致,并且叠聚体之间有一部分呈现沿某一方向的定向排列方式,即表现出一定的局部定向性,但更多的单元体之间不存在确定的取向性或定向排列规律。总的来说,单元体的接触连接方式和空间分布构成近似"絮凝结构"特征。对于膨胀土,微孔隙和裂隙多分布在叠聚体和微团聚体内部,且数量较多。土中微裂隙和孔隙的存在,使膨胀土中的裂隙介质呈现不连续的特点,同时为水分的迁移提供了通道。

将扫描电镜观察的结果结合图像处理,取放大 2000 倍的 1~6 位置处的 SEM 图像进行孔隙率的定量分析,将微观上裂隙率的量化指标和宏观上膨胀土在干湿循环下的裂隙发育情况进行分析,结果表明,膨胀土的膨胀、收缩的变形特征对膨胀土内部的结构有很大的影响。

将得到的 SEM 图像用 MATLAB 进行处理,为了在二值化的过程中得到更准确的结果,要对图片进行预处理。预处理过程包括切割 SEM 图像,分别对每一块已经切割好的 SEM 图像上进行灰度变化增强、平滑、锐化处理,再进行二值化处理。经过二值化处理后的图像还存在一些孤立点,为了减少这些孤立点对试验结果准确性的影响,采用开运算、闭运算进一步处理图像,同时不改变孔隙、微结构、单元结构。分别用函数统计图像中像素值为 0 的点,记为孔隙面积 S_1;统计图像中像素值为 1 的点,记为颗粒面积 S_2。

SEM 图像定量孔隙比 e,可按公式 $e = S_1 / S_2$ 计算。

不同位置的孔隙比如表 3.8 所示。

表 3.8　不同位置土样孔隙比

位置编号	1	2	3	4	5	6
孔隙比(e)	0.75	0.76	0.77	0.82	0.79	0.84

不同位置处得到的土样含水量不同,含水量较高时,颗粒间的接触更紧密,土体内颗粒状态不明显,并且可以看出叠聚体的层厚增加,颗粒界限逐渐减弱,受到膨胀土体的影响,孔隙的连通性减弱,土体表面的起伏逐渐趋于平缓;土体含水量较低时,颗粒间的接触并不紧密,表现为集粒结构。

3.10　本章小结

(1)土样的均匀性对裂隙发育的影响很大,土样越均匀,裂隙发育形态越接近椭圆曲线,土样越不均匀,裂隙发育成折线,裂隙切割出的块体棱角越分明。

(2)裂隙的发育具有温度敏感性,温度越高土体开裂越剧烈,温度越低则土体表现出整体收缩性。

(3)裂隙发育具有明显的尺寸效应,不同尺寸的土样裂隙发育有所不同。土样愈小,表面愈难出现裂隙,而主要表现为土的收缩。

(4)不同厚度的土样试验得出的裂隙分割土样形式不同。厚度大的土样被分割成的区域比厚度小的土样分割成的区域更少,每个区域的面积更大。厚度大的土样中裂隙的宽度更大,每个区域间的距离更大,初次出现裂隙需要的时间更长,所有裂隙发育完成的时间更长。

(5)膨胀土经过吸水膨胀和失水收缩的循环过程,由初始状态的体积收缩到表面出现裂隙,裂隙数量增多,土体被分割得更细碎,甚至会脱离原来的土样。裂隙增多为水分入渗土体提供了通道,同时促进了裂隙的发育。经过多次干湿循环后,土样的裂隙发育程度更加完全。

(6)膨胀土在失水收缩中会出现裂隙,最初裂隙出现的位置是随机的,裂隙在长度上增长、宽度上增加形成主要裂隙,出现的次要裂隙则将土样分成大小不同的区域。裂隙的数量变化趋势是先迅速增长再趋于稳定,最终为一个定值。膨胀土的质量随着持续的加热干燥逐渐减小,停止加热时质量不再继续变化。裂隙率的变化趋势是增长到一个最大值后,几乎不再有较大变化。统计所有裂隙间的角度得出裂隙间的角度多分布在 $80° \sim 120°$。

(7)重塑膨胀土土样裂隙发育虽然各不相同,但存在很多共同特性:裂隙总是先出现在土体表层,土样裂隙发育剧烈的部位不是土样表面,而是在与土体表面有一定距离的区域。

(8)CT 扫描分析表明:压实度不同的土样随压实度降低土体破碎程度加剧;含水率越高,土样收缩越明显,脱湿后整体性越强;随含水率的降低,土体内裂隙增多且竖向裂隙也增多,土样被裂隙分割得愈破碎。

（9）压汞试验结果表明：重塑膨胀土土样随初始含水率降低，土体内部微观结构更加复杂，这种复杂变化主要发生在大孔径孔隙；不同的压实度重塑膨胀土土样孔隙分布形式有较大差异，但压实度的变化对于土中微结构孔隙几乎没有影响，压实度升高使得土体内部压缩变形主要发生在黏土颗粒集聚体之间，从而使大孔隙的平均孔径减小，压实度大的土样大孔隙所占体积较压实度小的土样要少；重塑膨胀土土样在不同脱湿环境下脱湿干燥时孔隙收缩，土样中的大孔隙变为小孔隙，导致小孔隙和超微孔隙增多，土样中的总孔隙体积减小，总孔隙累积体积随脱湿温度升高而增加，高温脱湿时土体表面和内部会出现微裂隙。

（10）在压汞试验结果模型分析中，根据平移量 K 的变化，将微观孔隙随着初始含水率的变化过程分成两个阶段：①平均孔径大于初始平均孔径的阶段；②平均孔径小于初始平均孔径的阶段。而根据压缩量 ξ 的变化，发现存在一个初始含水率的值，使得总孔隙体积最大，将该初始含水率的值称为最大体积初始含水率。根据分散度 η，发现也存在一个初始含水率的值，使得分散效果最明显，将该初始含水率的值称为最大分散初始含水率。

（11）由干湿循环后取不同位置土样电镜分析得出：所观察到的孔隙主要是黏土集聚体之间的孔隙和黏土集聚体内部片状矿物的叠聚而形成的微小孔隙，表面特征复杂，孔隙之间的连通情况不好。含水量高，土颗粒之间存在的界限会减少，土颗粒之间的接触变得更加密切，土体的表面形貌平稳没有波动；含水量低，表现为集粒结构。土体颗粒脱湿前呈片状且连接紧密，片状表面平直，脱湿后颗粒边缘更加清晰可见，片状呈卷曲状，且片状连接有脱离的迹象。

本章参考文献

[1] 叶为民,钱丽鑫,陈宝,等.高压实高庙子膨润土的微观结构特征[J].同济大学学报(自然科学版),2009,37(1): 31-35.

[2] 王明光,刘太乾,赵丹.浅谈风干法和冻干法制备微结构试验用土样[J].山西建筑,2010,36(1): 111-112.

[3] 傅喆,叶为民,万敏.温控下高压实膨润土持水特性及预测研究[J].低温建筑技术,2009,31(11):78-81.

[4] 周晖,房营光,禹长江.广州软土固结过程微观结构的显微观测与分析[J].岩石力学与工程学报,2009,28(Z2):3830-3837.

[5] SIMMS P H, YANFUL E K. Predicting soil-water characteristic curves of compacted plastic soils from measured pore-size distributions [J]. Géotechnique, 2002, 52(4):269-278.

[6] CUISINIER O, LALOUI L. Fabric evolution during hydromechanical loading of a compacted silt [J]. International Journal for Numerical & Analytical Methods in Geomechanics, 2004, 28(6):483-499.

[7] LI X, ZHANG L M. Characterization of dual-structure pore-size distribution of soil[J]. Canadian Geotechnical Journal, 2009, 46(2):129-141.

[8] 黄启迪,蔡国庆,赵成刚.非饱和土干化过程微观结构演化规律研究[J].岩土力学,2017,38(1):165-173.

4 裂隙膨胀土渗流模型试验研究

4.1 引言

针对膨胀土在失水过程中收缩开裂所引起的内部裂隙的研究主要是定性研究，很难进行定量分析。裂隙岩土体渗流试验结果表明，岩土体介质内部裂隙不同时，通过流体的能力不同，因此可以尝试对裂隙膨胀土进行渗流试验，研究裂隙膨胀土通过流体的能力变化。同时可以根据裂隙膨胀土渗流试验结果，间接定量分析膨胀土内部裂隙的发育连通情况。通过对重塑膨胀土土样进行模型试验，观测膨胀土裂隙发育过程，得到土样裂隙表面裂隙发育图像及裂隙率曲线，探讨不同重塑膨胀土土样裂隙扩展规律，并分析其演化性状。

常规试验中采用完整的土样进行渗透试验所测量的渗透系数与实际存在裂隙的膨胀土渗透系数有很大出入。裂隙性膨胀土的渗透系数往往要比完整土体的渗透系数高出好几个数量级，造成计算结果与实际情况大相径庭，因此常规渗透试验难以正确反映膨胀土的真实渗透性。故考虑裂隙对膨胀土渗透性的影响，对于了解膨胀土的特性、指导工程设计和预防灾害具有十分重大的意义。

本章通过对裂隙膨胀土土样进行室内模拟降雨试验，研究不同裂隙发育阶段、不同初始含水率、不同压实度的裂隙膨胀土在降雨入渗条件下的渗透规律。

4.2 不同裂隙发育阶段膨胀土降雨入渗试验

1.不同裂隙发育阶段膨胀土土样制备

为了减少装样盒的材质对土样收缩的影响，选择有机玻璃重新制作装样盒。有机玻璃盒长宽高为 30 cm×30 cm×12 cm，盒顶敞开，盒底均布直径为 0.6 cm 的圆孔，孔心距为 2 cm，如图 4.1 所示。土样厚度过大则竖向裂隙只有少部分能贯穿土样（甚至没有裂隙能贯穿土样），因此为确保降雨入渗试验的顺利进行，土样的厚度通过多次尝试后设定为 4.5 cm。为防止在入渗试验时流体将大量的土颗粒带走，装样前在有机玻璃盒内铺上两层不锈钢窗纱。将取回的膨胀土风干后过 2 mm 筛，加入适量的水配置成含水率为 25％的土样。将称量好的上述土样倒入装样盒，压实至

4.5 cm 厚,即制备成长宽高为 30 cm×30 cm×4.5 cm、含水率为 25%、压实度为 75% 的重塑膨胀土土样,如图 4.2 所示。

在土样上再覆盖一层不锈钢窗纱,盖上长宽高为 30 cm×30 cm×1.5 cm 的铁板,将整个土样放入水箱内浸水饱和至少 24 h,饱和后的土样含水率在 35% 左右,如图 4.3 所示。将浸水饱和后土样取出,去掉盖板,放入恒温恒湿箱进行脱湿,设定恒定温度为 45 ℃,相对湿度为 35%。

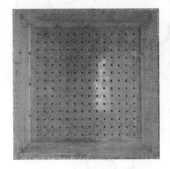  

图 4.1　有机玻璃装样盒　　　图 4.2　饱和前土样　　　图 4.3　饱和后土样

试验总共做 6 个平行土样,第一个土样脱湿时间为 96 h,根据此土样脱湿曲线及裂隙发育情况,确定其他 5 个平行土样的脱湿时间分别为 79 h、63 h、48 h、39 h、30 h。在土样分别脱湿到指定时间后称重,计算土样含水率的变化;用数码相机拍照,得到裂隙发育图像并进行处理。

图 4.4 为 6 个重塑膨胀土土样的脱湿曲线图,可以看出同种土样在相同环境下的脱湿情况基本相同,在脱湿时间最长的土样曲线上可以看到有明显的拐点,此时的土样平均含水率已经处于较低的水平,拐点位置在 60~70 h 之间,说明土样失水速率在此处发生明显变化。在拐点前后的曲线上脱湿时间和土样平均含水率呈现明显的线性关系。

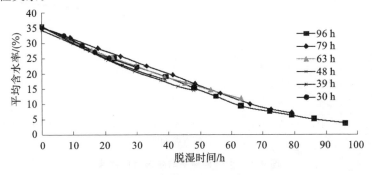

图 4.4　膨胀土土样的脱湿曲线

膨胀土表面裂隙发育主要经历微裂隙发生发展，主要裂隙的呈现、宽度扩展，次要裂隙的发生、发展、消失，主要裂隙宽度均匀化发展，最后到裂隙稳定阶段，到了此阶段裂隙基本不再发生变化。选取脱湿时间最长的土样裂隙过程进行分析，图4.5是经过处理后的膨胀土土样裂隙发育图。

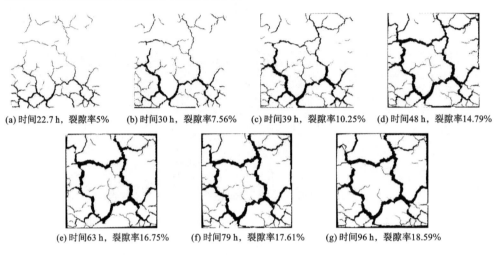

(a) 时间22.7 h，裂隙率5%　(b) 时间30 h，裂隙率7.56%　(c) 时间39 h，裂隙率10.25%　(d) 时间48 h，裂隙率14.79%

(e) 时间63 h，裂隙率16.75%　(f) 时间79 h，裂隙率17.61%　(g) 时间96 h，裂隙率18.59%

图4.5　土样裂隙发育图

膨胀土的表面裂隙发育与脱湿时间、脱湿后平均含水率有良好的相关性。选取脱湿时间最长的土样裂隙过程进行分析，如图4.6和图4.7所示。

图4.6为土样裂隙率与脱湿时间曲线。裂隙率指土样表面裂隙所占面积（包括周边的收缩部分）与未发生裂隙时原土样表面面积之比。在脱湿过程中，20 h内土样表面没有出现裂隙，之后出现少量裂隙，随后逐渐发展，裂隙率分为稳定发展、加速发展和减速发展三个阶段。

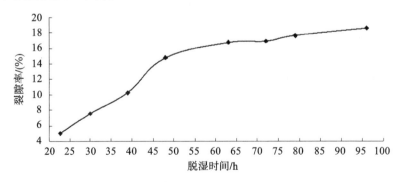

图4.6　土样裂隙率与脱湿时间曲线

图 4.7 为土样脱湿后平均含水率与裂隙率关系曲线,裂隙率随含水率降低而不断增加,开始时表现为线性稳定增加,随后加速,平均含水率降低至一定值时,裂隙率的增加速度逐渐放缓。

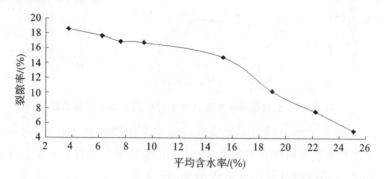

图 4.7　土样脱湿后平均含水率与裂隙率关系曲线

2. 降雨入渗试验

对制备好的 6 个平行膨胀土土样进行室内降雨入渗试验,试验时在土体上表面设置排水管收集径流,土体下表面设置滤网,故土体的上表面为降雨入渗边界,下表面为自由出渗边界。用降雨器的水位微调人工降雨的强度。试验中降雨强度为 2.67×10^{-4} m/s,观察土样表面,记录土样表面积水径流时间及每 5 min 渗流出水量。用量筒量测渗出土体的雨水,用天平量测排水管溢出的径流量,以准确确定降雨的入渗量。根据土样渗流稳定时间,确定试验时间为 1 h,以下是试验结果整理与分析。

(1)膨胀土土样径流开始时间。

土样径流开始时间与土样脱湿时间、土样平均含水率、土样表面裂隙率关系曲线如图 4.8~图 4.10 所示。

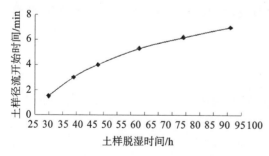

图 4.8　土样径流开始时间与土样脱湿时间
关系曲线

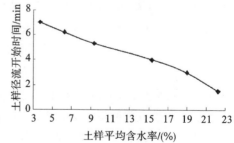

图 4.9　土样径流开始时间与土样平均
含水率关系曲线

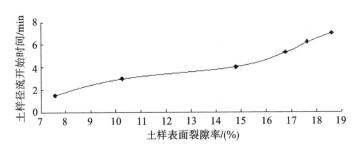

图 4.10 土样径流开始时间与土样表面裂隙率关系曲线

可以看出:径流开始时间与土样脱湿时间关系曲线近似于弧线;径流开始时间与土样平均含水率关系曲线近似于直线;径流开始时间与土样表面裂隙率关系曲线近似于折线,折线前段斜率远小于后段斜率,折点处裂隙率与上述膨胀土裂隙发育四个阶段中第二阶段与第三阶段转折点相对应。

(2)膨胀土土样入渗率。

入渗率又称渗透速率,即单位时间内地表单位面积的入渗水量。土体在降雨入渗过程中入渗率会发生变化,在入渗的初始阶段速率较快,到一定时间后速率趋于稳定,此时的渗透速率称为稳定入渗率,可用于表征土壤的渗透特性。因为试验中的土样厚度较薄,出流量即为入渗水量,入渗率可用以下公式计算。

$$i = \frac{V}{A \cdot t} \tag{4-1}$$

式中:i 为入渗率(cm/s);V 为一定时间出流量(cm^3);A 为土样截面面积(cm^2);t 为入渗时间(s)。

根据试验数据计算土样平均入渗率,见图 4.11。从渗透时间与平均入渗率关系曲线(由于数据数量级的差异,15 min 以后的曲线难以分清,因此将其放大)可以看出:在降雨入渗初期,入渗率随时间衰减很快,在 15 min 内降低了两个数量级;脱湿时间越长的土样初期入渗率越高,入渗率衰减得也越快。

平均入渗率与入渗时间可以用下式拟合。

$$i = Ae^{-\frac{t}{\alpha}} + i_f \tag{4-2}$$

式中:i_f 为稳定入渗率;α 为控制入渗率随时间变化的参数;A 为与初始入渗率和稳定入渗率差值有关的量;t 为入渗时间。

拟合参数见表 4.1,拟合曲线如图 4.12 所示。

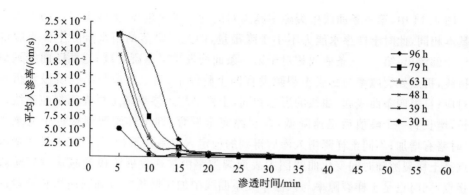

图 4.11 渗透时间与平均入渗率关系曲线

表 4.1 平均入渗率与入渗时间拟合参数

脱湿时间/h		96	79	63	48	39	30
拟合参数	i_f	$7.64×10^{-5}$	$7.05×10^{-5}$	$4.13×10^{-4}$	$5.28×10^{-4}$	$3.59×10^{-4}$	$2.41×10^{-4}$
	A	0.61782	0.14813	0.13002	0.11282	0.18100	0.10240
	$α$	2.85130	3.33540	2.81955	2.76221	1.90080	1.64690
	R^2	0.99993	0.99945	0.99973	0.99877	0.99893	0.99925

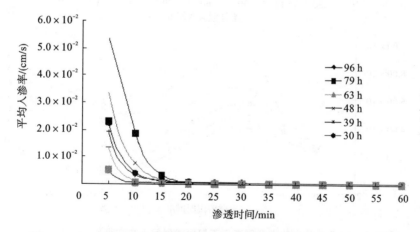

图 4.12 渗透时间与平均入渗率拟合曲线

入渗率在较短的时间内就开始趋于稳定,脱湿时间不同的土样在降雨入渗后期的规律表现得不明显,为了找出其规律,做出土样脱湿时间与入渗率关系曲线(图4.13),以及土样表面裂隙率与入渗率关系曲线(图4.14),图中表现出了明显的规律性。

图 4.14 中,第一条曲线中裂隙率越大对应的入渗率越高,曲线上最后两点入渗率基本相同,此时土样渗水能力不小于降雨量,即此时降落的雨水量除土体吸收部分外全部渗出;第二、三条曲线相对于第一条曲线发生了急剧衰减,这两条曲线近似于折线,折点处裂隙率与膨胀土裂隙发育四个阶段中,第二阶段与第三阶段转折点相对应;自第四条曲线起,曲线的形态相同,土样平均入渗率随土样表面裂隙率线性增长,增长到一个峰值后迅速降低,在裂隙完全发育(即土样脱湿到接近于完全干燥)时略有增加;不同土样降雨入渗后得到的稳定入渗率并不相同,稳定入渗率最大的点是土样裂隙随时间变化曲线图中表面裂隙率由加速发展阶段到减速发展阶段的拐点,同时也是土样裂隙率与入渗率关系曲线中加速增长阶段到减速增长阶段的拐点,稳定入渗率最小的点是接近于最大裂隙率的点。

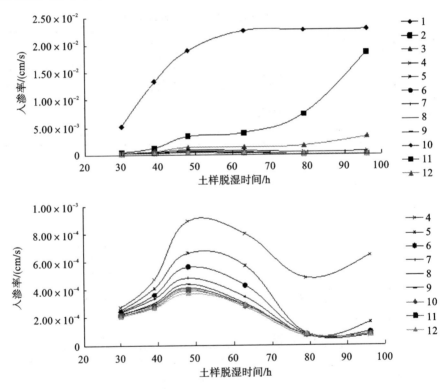

(图中 1～12 条曲线上的点分别表示不同脱湿时间土样在第 1～12 个 5 min 所对应的平均入渗率,对第三条曲线以下的曲线由于数量级的关系将其放大)

图 4.13　土样脱湿时间与入渗率关系曲线

由以上试验结果及分析可以得出:膨胀土土样在脱湿开裂的不同阶段,其入渗率是不相同的,有明显的规律性;降雨入渗的初期入渗率的衰减最为迅速,也说明在

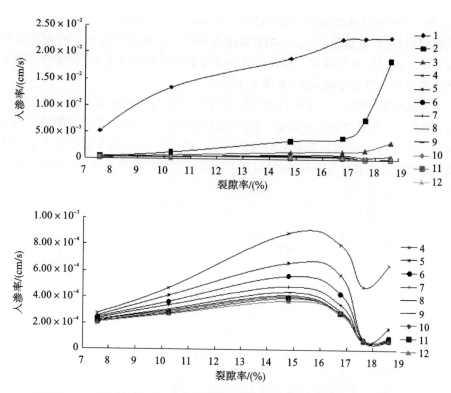

（图中 1～12 条曲线上的点分别表示不同裂隙发育土样在第 1～12 个 5 min
所对应的平均入渗率，对第三条曲线以下的曲线由于数量级的关系将其放大）

图 4.14　土样表面裂隙率与入渗率关系曲线

降雨入渗的初期土样裂隙很快闭合；土样的脱湿时间、平均含水率、表面裂隙率与降
雨过程中径流出现的时间及土样的入渗率有明显的对应关系；不同脱湿时间土样最
终稳定后的入渗率并不相同。

4.3　不同压实度裂隙膨胀土降雨入渗试验

1.样品制备

　　配置足量含水率 18％的膨胀土，在有机玻璃盒内铺上两层不锈钢窗纱，倒入称
量好的上述土样，压实至 4.5 cm 厚，压实度分别控制为 85％、80％、75％、70％、
65％，制备成长宽高为 30 cm×30 cm×4.5 cm 且具有相同含水率、不同压实度的重
塑膨胀土土样，编号分别为 18085、18080、18075、18070、18065。

　　在土样上再覆盖一层不锈钢窗纱，盖上长宽高为 30 cm×30 cm×1.5 cm 的铁板,将整个土样放入水箱内浸水饱和至少 24 h,将浸水饱和后土样放入恒温恒湿箱进行脱湿,设定恒定温度为 45℃,相对湿度为 35%。在脱湿的过程中观测裂隙发育情况并进行拍照。处理得到土样表面裂隙率与脱湿时间的关系(见图 4.15)以及最终表面裂隙率与压实度的关系(见图 4.16)

从实际观测和图 4.15 中可以看出压实度 80% 土样最先出现裂隙;在脱湿 30~47 h时的各个土样表面裂隙发育变化最为剧烈,其后各个土样的表面裂隙率呈现缓慢增长的趋势,各个土样的表面裂隙率相差不大。图 4.16 中最终表面裂隙率呈现随压实度升高而先升高其后又降低的规律,其中压实度 75% 的土样最终表面裂隙率最高。

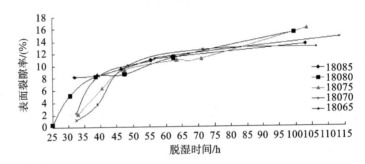

图 4.15　土样表面裂隙率与脱湿时间

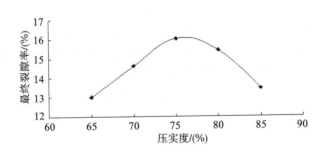

图 4.16　最终表面裂隙率与压实度

图 4.17 是经过处理后的膨胀土土样裂隙发育图,可以看出:土样的表面边缘首先出现细裂隙;细裂隙向土样中心部位延伸,在此过程中主裂隙逐步突显出来;随后主裂隙宽度扩展,主裂隙宽度呈现均匀化发展趋势,部分次裂隙逐渐变细甚至消失;最后裂隙基本达到稳定。在裂隙发育过程中,低压实度土样的细裂隙多于高压实度土样。

2.不同压实度裂隙膨胀土室内降雨入渗试验

将裂隙发育稳定的土样进行室内降雨入渗试验,土样编号分别为 18085、18080、

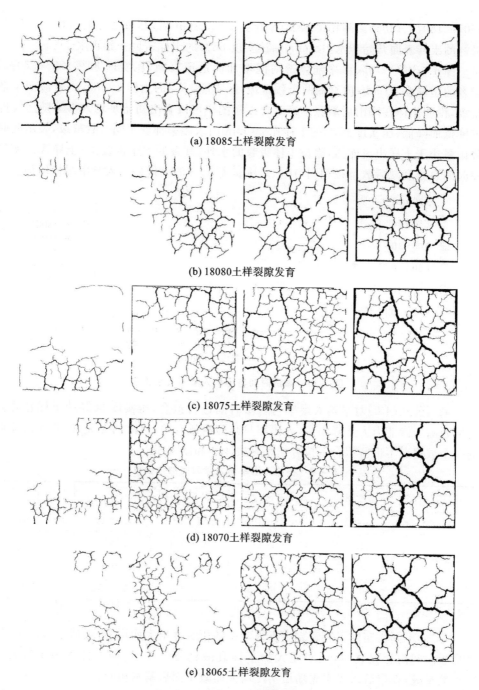

(a) 18085土样裂隙发育

(b) 18080土样裂隙发育

(c) 18075土样裂隙发育

(d) 18070土样裂隙发育

(e) 18065土样裂隙发育

图 4.17 膨胀土土样裂隙发育图

18075、18070、18065。降雨入渗试验开始 2～3 min 后,压实度 80％、75％、70％、65％的土样表面开始积水,18 min 后压实度 85％的土样表面开始积水。

图 4.18 中平均入渗率随渗透时间增加而迅速衰减,压实度 80％、75％、70％、65％的土样在 10 min 内衰减两个数量级,压实度 85％的土样 30 min 内衰减两个数量级,说明土体在降雨后裂隙迅速闭合。从图中可以看出初始平均入渗率随压实度的降低而降低,压实度 85％的土样在 20 min 内入渗率都处于同一数量级,表示此时降雨量小于土样出流能力,除被土体吸收的水外,其余的水全部流出;土样入渗率经短时间急骤衰减后数量级相同(10^{-4});压实度 65％的土样后期入渗率缓慢增加。

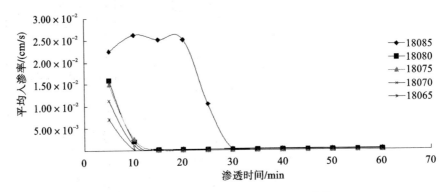

图 4.18 渗透时间与平均入渗率关系曲线

采用公式(4-2)对平均入渗率与入渗时间进行拟合,压实度 85％的土样在降雨初期裂隙入渗能力大于降雨量,入渗率只与降雨量有关,与时间无关,因此入渗前期的 3 个数据点不进行拟合。拟合结果见表 4.2 和图 4.19。

表 4.2 平均入渗率与入渗时间拟合参数

压实度/(％)		85	80	75	70	65
拟合参数	i_f	3.96×10^{-4}	6.45×10^{-5}	4.64×10^{-5}	1.51×10^{-4}	3.43×10^{-4}
	A	1.80314	0.12892	0.09084	0.13351	0.48042
	α	4.70512	2.38466	2.76205	2.01375	1.17298
	R^2	0.97337	0.99975	0.99917	0.99992	0.96584

总之,不同压实度下裂隙膨胀土入渗率随压实度增大而增大,近似于线性关系,其后短时间内急骤衰减,压实度大的土样衰减稍慢一些,后期土样入渗率都处于 10^{-4} 数量级,稳定后入渗率先随压实度增大而减小而后基本相同。

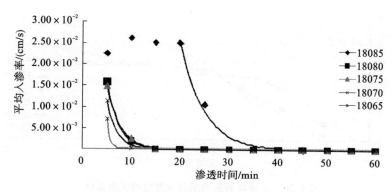

图 4.19 平均入渗率与入渗时间拟合曲线

4.4 不同初始含水率裂隙膨胀土降雨入渗试验

1. 样品制备

配置足量含水率分别为 35%、30%、25%、20%、15% 的膨胀土,在有机玻璃盒内铺上两层不锈钢窗纱,倒入称量好的上述土样,压实至 4.5 cm 厚,压实度控制为 80%,即制备成长宽高为 30 cm×30 cm×4.5 cm 且具有不同含水率、相同压实度的重塑膨胀土土样,编号分别为 35080、30080、25080、20080、15080。

在土样上覆盖上一层不锈钢窗纱,盖上长宽高为 30 cm×30 cm×1.5 cm 的铁板,整个放入水箱内浸水饱和至少 24 h,将浸水饱和后土样放入恒温恒湿箱进行脱湿,设定恒定温度为 45 ℃,相对湿度为 35%。在脱湿的过程中观测裂隙发育情况并进行拍照。处理后得到土样表面裂隙率与脱湿时间关系曲线(见图 4.20),以及最终表面裂隙率与初始含水率的关系曲线(见图 2.21)。

图 4.20 中,在脱湿时间 50 h 后,35080 土样表面裂隙率明显高于其他土样,脱湿时间 50 h 之前,25080 土样和 20080 土样表面裂隙率明显高于其他三个土样,这两个土样的表面裂隙也比其他三个土样要早出现 10 h 左右,而在脱湿时间约 37 h 之前,25080 土样表面裂隙率比 20080 土样大。土样表面裂隙率经历一个线性增长段后,裂隙率减速增加,后趋于稳定。

35080 土样的最终表面裂隙率最大,其次为 20080 土样,其他三个土样最终表面裂隙率相差不大,但总体表现为随初始含水率增加,土样最终表面裂隙率增加的趋势(见图 4.21)。

图 4.22 是经过处理后的不同初始含水率膨胀土土样裂隙发育图,图中 35080 土样、30080 土样表面裂隙发育自土样中部开始,向四周扩展;20080 土样、15080 土样表面裂隙发育自土样边缘开始,向中部扩展;25080 土样表面裂隙同时从土体中部和边缘

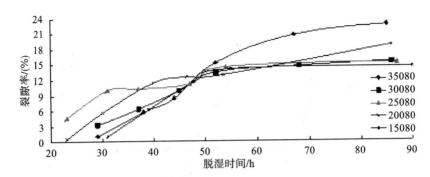

图 4.20　土样表面裂隙率与脱湿时间关系曲线

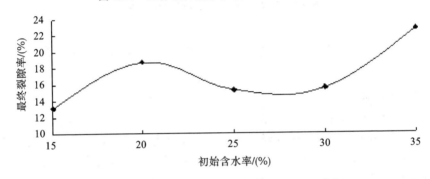

图 4.21　最终表面裂隙率与初始含水率关系曲线

开始发育扩展。在表面裂隙发育过程中，随初始含水率降低，细、微裂隙明显增多。土样表面裂隙发育过程中，细裂隙首先出现，随后裂隙延伸、扩展、相互连通，主要裂隙逐步发展，主要裂隙宽度增加，在裂隙发育到一个顶峰后，主要裂隙宽度开始均匀变宽，细、微裂隙宽度变窄，部分细、微裂隙"消失"，最后裂隙发育达到稳定阶段。

2. 不同初始含水率裂隙膨胀土降雨入渗试验

裂隙发育稳定后，对土样进行室内降雨入渗试验，土样编号分别为 35080、30080、25080、20080、15080。表面径流开始形成的时间随土样初始含水率增加而推迟，初始含水率较低的土样表面径流开始形成的时间基本相同，35080 土样表面于 35 min 才开始积水发生径流（见图 4.23）。

图 4.24～图 4.25 表明：不同初始含水率土样平均入渗率变化区别很大，入渗率的衰减速率随初始含水率的升高而降低，20080 土样、15080 土样在极短时间内入渗率迅速衰减达到稳定，30080 土样、25080 土样平均入渗率在前三个入渗时间段土样衰减迅速，其后衰减速度减缓，35080 土样经历较长时间衰减才趋于稳定。

图 4.25 中 35080 土样稳定后平均入渗率为 4.66×10^{-3} cm/s，其他四个土样基本相同，为 4×10^{-4} cm/s。

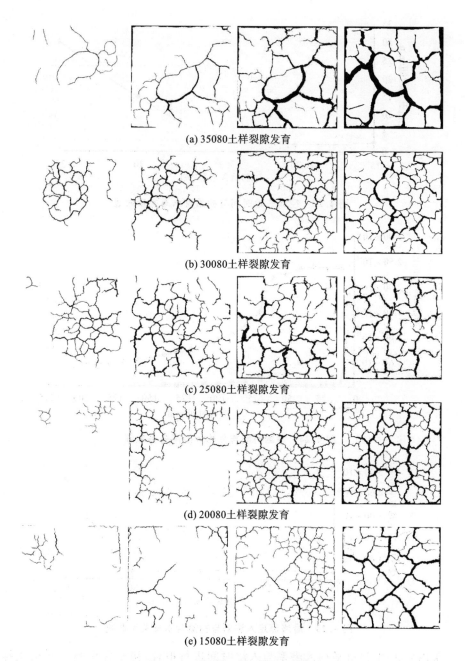

(a) 35080土样裂隙发育

(b) 30080土样裂隙发育

(c) 25080土样裂隙发育

(d) 20080土样裂隙发育

(e) 15080土样裂隙发育

图 4.22　膨胀土土样裂隙发育图

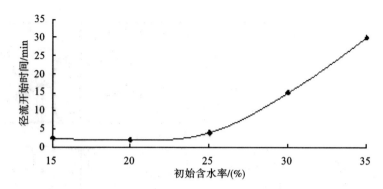

图 4.23　径流开始时间与初始含水率关系曲线

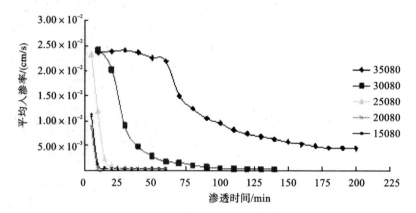

图 4.24　渗透时间与平均入渗率关系曲线

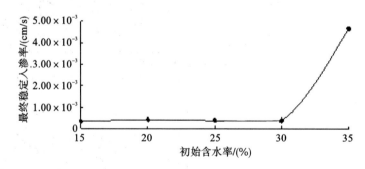

图 4.25　最终稳定入渗率与初始含水率关系曲线

　　采用公式(4-2)对平均入渗率与入渗时间进行拟合,初始含水率35％的土样在降雨初期裂隙入渗能力大于降雨量,入渗率只与降雨量有关,与时间无关,因此在拟合过程中前五个数据点不进行拟合,同理,初始含水率30％的土样的第一个数据点不进行拟合。拟合结果见表4.3和图4.26。

表 4.3　平均入渗率与入渗时间拟合参数

初始含水率/(%)		35	30	25	20	15
拟合参数	i_f	4.8×10^{-3}	6.54×10^{-4}	1.38×10^{-4}	4.26×10^{-4}	3.26×10^{-4}
	A	0.12421	0.08971	0.05672	0.80894	0.10204
	α	29.37593	13.03710	5.70737	1.09508	2.22400
	R^2	0.98132	0.99535	0.98022	0.99987	0.99997

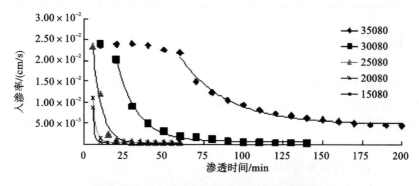

图 4.26　平均入渗率与入渗时间拟合曲线

总之,不同初始含水率土样初始入渗率数量级相同,但各个土样入渗率变化区别很大,虽然都经历衰减阶段,但衰减速率与持续时间明显不同,初始含水率高的土样衰减速率较低、持续时间长。土样稳定后平均入渗率除极高初始含水率土样外其他基本相同,为 4×10^{-4} cm/s。

4.5　裂隙模型的建立

裂隙模型的建立既要考虑符合现实情况也要考虑实施的可能性,为此提出一种结合现场裂隙图片、土体含水率和室内试验成果建立裂隙模型的方法。

在之前的试验中得到含水率为 25%、压实度为 75% 的重塑膨胀土土样裂隙发育规律,通过处理得到不同裂隙发育阶段裂隙的平均宽度(见表4.4),发现其与土样平均含水率存在良好的对应关系,使用两种形式对其进行拟合,拟合曲线见图4.27与图4.28。

表 4.4　裂隙平均宽度

脱湿时间/h	平均含水率/(%)	裂隙率/(%)	裂隙平均宽度/mm
22.7	25.09	5	1.83
30	22.22	7.56	2.39
39	18.98	10.25	2.76
48	15.29	14.79	5.33
63	9.35	16.75	5.67
79	6.25	17.61	6.19
96	3.71	18.59	6.82

(1)线性拟合。

$$B_a = a\theta_a + c \tag{4-3}$$

式中:B_a 为裂隙平均宽度;θ_a 为平均含水率;a、c 为拟合参数。

拟合后:$a = -24.138$;$c = 7.806$;$R^2 = 0.995$。

(2)非线性拟合。

$$B_a = A - 1/(n\mid\ln\theta_a\mid)^m \tag{4-4}$$

式中:A、n、m 为拟合参数;其中 $m = 1/(1-n)$。

拟合后:$A = 9.815$;$n = 0.115$;$m = 1.1299$;$R^2 = 0.998$。

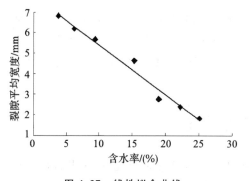

图 4.27　线性拟合曲线

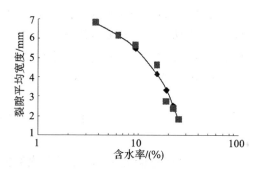

图 4.28　非线性拟合曲线

真实的表面裂隙宽度是大小不一的,裂隙在深部的发育情况复杂,因此建立裂隙模型要进行一定的简化。假定裂隙沿土体表面法向方向向下延伸,并且同一土层不同宽度的裂隙发育为线性关系,则可通过 θ_a 与 B_a 关系式按以下方法建立裂隙模型。

①在一裂隙土体中每隔 0.5 m 取土样测得含水率如表 4.5 所示,假设土体表面

两条裂隙 I、J 宽度 B_s 分别为 13.64 mm 和 3.41 mm，则各个土层裂隙宽度如下式所示。

$$B_i = \frac{B_s}{B_{as}} B_{ai} \tag{4-5}$$

式中：B_i 为所求土层裂隙宽度；B_{ai} 为所求土层裂隙平均宽度；B_s 为标准裂隙宽度；B_{as} 为标准裂隙平均宽度。

表 4.5 裂隙宽度计算示例表

土层	含水率/(%)	裂隙平均宽度/mm	裂隙 I 宽度/mm	裂隙 J 宽度/mm
6	25.09	1.83	3.66	0.91
5	22.22	2.55	5.11	1.28
4	18.98	3.33	6.66	1.66
3	15.29	4.16	8.33	2.08
2	9.35	5.47	10.94	2.74
1	6.25	6.18	12.35	3.09
表层	3.71	6.82	13.64	3.41

②按表 4.5 所示数据可得不同表面宽度裂隙示意图，如图 4.29 所示。

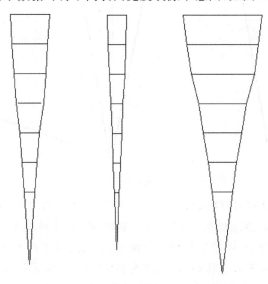

图 4.29 不同表面宽度裂隙示意图

③图 4.29 中尖端为最后一个土层裂隙向下线性延伸得到的，可认为尖端以下为非裂隙土，取得现场裂隙图片进行处理得到土体表面裂隙后，通过上述过程就得

到比较真实反映现实情况的膨胀土土样裂隙模型。

　　膨胀土降雨入渗过程中会吸水膨胀,裂隙宽度减小,从宏观上用肉眼观察会发现裂隙几乎完全闭合,但微观试验和重塑膨胀土前后渗透系数数量级上的重大差异都可以证明裂隙依然存在,所以在膨胀土裂隙闭合时发生的变形与膨胀土表面吸水发生的变形是有差别的。膨胀土裂隙在降雨入渗过程中,裂隙缩小到一定程度后,裂隙两侧开始接触,产生力的相互作用,裂隙两侧土样会相互抑制对方的变形,当应力达到一定程度后可认为裂隙不再发生变化(如图 4.30 所示),因此要采用合理的方法衡量闭合后的裂隙。

　　室内降雨入渗试验中土样稳定后平均入渗率基本相同,数量级为 10^{-4} cm/s。可以考虑将变形稳定后的裂隙简化为平行板状窄缝,同时将稳定后平均入渗率当作平行板的渗透系数,通过裂隙图像的处理得到裂隙的长度,结合平行板流量公式,计算出变形稳定后裂隙宽度为 $A \times 10$ μm,因此可以假设降雨入渗裂隙宽度最终稳定为 10 μm。

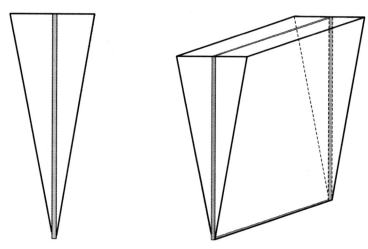

图 4.30　变形稳定后的裂隙示意图

　　无积水的入渗过程,即降雨直接入渗土体中,土体中的裂隙中不存在积水,裂隙的存在对整个非饱和渗流场的变化没有明显影响,这种情况下可以忽略裂隙的影响,直接采用无裂隙的土体的非饱和入渗模型,引入边界条件求解即可;有积水但积水能完全从裂隙两侧渗入土体时,认为裂隙两侧的土体为无压入渗,采用土体的非饱和入渗模型;裂隙中有水时,水面以下的裂隙两侧土体为有压入渗,入渗速率与裂隙中积水高度有关;雨水充满裂隙时,地表与裂隙的两个侧面共同入渗。

4.6　降雨入渗引起膨胀土边坡的暂态渗流场

假设有一无裂隙膨胀土边坡,坡比为1:2。将其初始条件放置为:地下水位距坡顶14 m,距坡脚4 m,地下水位以上土的吸力线性分布。并且将其边界条件设置如下。

(1)土坡表面及斜坡处,设置为流量边界或定水头边界。

如果雨强小于饱和渗透系数,按流量边界处理,大小为降雨强度;如果雨强大于表层土体渗透性,一部分雨水沿坡面流失,会在坡面形成一薄层水膜,此时可按定水头边界处理,计算中取水头值等于高程。

(2)模型两侧地下水位以下按定水头边界处理,地下水位以上按零流量边界处理。

(3)模型底面为不透水边界。

(4)边坡右下角设置排水井。

下面探究不同条件下的膨胀土边坡渗流场。

1.无裂隙膨胀土边坡

无裂隙膨胀土边坡在不同降雨强度下,降雨时长 100 h 边坡孔隙水压力分布如图 4.31 所示。

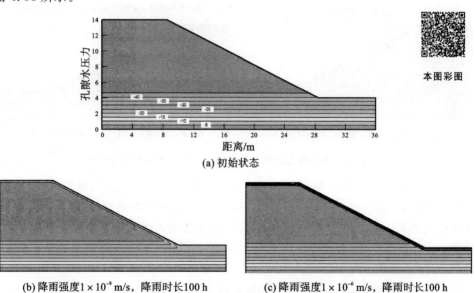

(a)初始状态

本图彩图

(b)降雨强度1×10^{-9} m/s,降雨时长100 h

(c)降雨强度1×10^{-6} m/s,降雨时长100 h

图 4.31　不同降雨强度下无裂隙膨胀土边坡孔隙水压力分布

对于无裂隙膨胀土边坡,降雨入渗对膨胀土的影响仅在膨胀土的表层,如降雨强度增大,影响深度会有所增加,增加幅度并不明显,但浅层土体含水量增加明显。

2. 不同降雨强度下裂隙膨胀土边坡

边坡上发育有裂隙,裂隙深 1 m,在不同降雨强度下,降雨时长 100 h 边坡孔隙水压力分布如图 4.32 所示。

极低降雨强度条件下,雨水入渗只与土体本身有关,与裂隙无关,整个过程中无积水、无径流,是典型的饱和-非饱和土渗流。

降雨强度略大于土体渗流能力时,有微量雨水沿裂隙两侧流动,流动过程中裂隙两侧发生无压入渗。

降雨强度较大时,不能通过土体入渗的雨水沿裂隙两侧流动,在裂隙底部汇集,裂隙中产生积水,可以假设裂隙中的积水在瞬间完成,裂隙侧壁土体发生有压入渗。

本图彩图

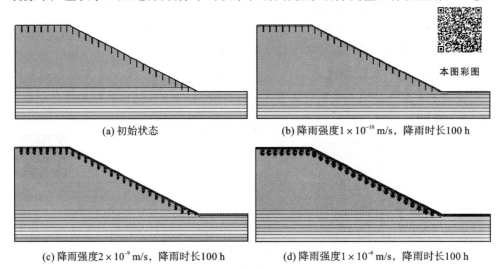

(a) 初始状态

(b) 降雨强度1×10^{-10} m/s,降雨时长100 h

(c) 降雨强度2×10^{-9} m/s,降雨时长100 h

(d) 降雨强度1×10^{-6} m/s,降雨时长100 h

图 4.32 不同降雨强度下裂隙膨胀土边坡孔隙水压力分布

对比不同降雨强度下相同裂隙边坡渗流分析结果,可以看出,降雨强度对膨胀土的影响明显,极低降雨强度条件下降雨入渗对膨胀土的影响深度只与土体本身的入渗能力有关,与裂隙无关。当降雨强度超过土体的入渗能力时,裂隙在降雨入渗过程中开始产生作用,当裂隙中产生积水时,裂隙两侧土体受到水压作用,土体的渗透系数增加,影响范围也增大。

3. 裂隙膨胀土边坡不同时刻渗流场

边坡上发育有裂隙,裂隙深 1 m,在 1×10^{-6} m/s 降雨强度下,不同降雨时长边坡孔隙水压力分布如图 4.33 所示。

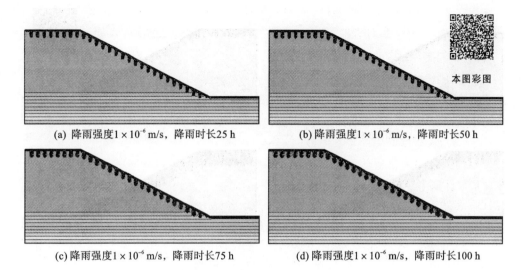

(a) 降雨强度$1×10^{-6}$ m/s，降雨时长25 h

(b) 降雨强度$1×10^{-6}$ m/s，降雨时长50 h

(c) 降雨强度$1×10^{-6}$ m/s，降雨时长75 h

(d) 降雨强度$1×10^{-6}$ m/s，降雨时长100 h

图 4.33　不同降雨时长裂隙膨胀土边坡孔隙水压力分布

相同降雨强度下,降雨入渗对膨胀土的影响深度与降雨时长有明显的关系。随着降雨时长的增加,裂隙底部以下土体含水量越高,其差值越大,降雨影响深度越深,对裂隙周边的影响范围也越大。

4. 不同深度裂隙膨胀土边坡降雨

边坡上发育有裂隙,裂隙分别深 0.5 m、1 m、1.5 m、2 m,在 $1×10^{-6}$ m/s 降雨强度下,降雨时长 100 h 边坡孔隙水压力分布如图 4.34 所示。

降雨入渗对膨胀土的影响深度与裂隙的深度有关,裂隙越深、降雨时长越长,降雨影响深度越深。在同一降雨时刻,雨水入渗对裂隙两侧水平方向的影响范围随着深度的增加而扩大,这主要是因为随深度的增加,裂隙两侧所受到的水压越大,同时裂隙周边土体含水量也在增加,土体的渗透系数增加,影响范围也就越大。

总之,降雨入渗对裂隙膨胀土与无裂隙膨胀土的影响有着极大的区别。降雨入渗对裂隙膨胀土深度的影响远大于无裂隙的情况,具体影响则与降雨强度、裂隙深度、降雨时长等因素有关,其中降雨入渗影响深度与裂隙的深度有关,但大于裂隙深度。裂隙的存在会对渗流场产生巨大的影响,主要表现在:增大土体入渗边界,扩大降雨入渗的范围,提高土体地表的入渗率,使雨水进入土体内部。对于开裂的膨胀土,雨水入渗后,在土体开裂深度内扩散较快,在裂隙底部一定范围内形成一饱和区,这一部分土体的压力水头上升,吸力下降,是降雨入渗后,膨胀土边坡浅层滑动的根本原因,所以膨胀土边坡失稳主要发生在土体开裂深度范围处。

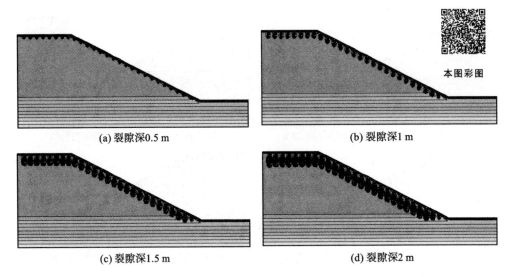

(a) 裂隙深0.5 m   (b) 裂隙深1 m

(c) 裂隙深1.5 m   (d) 裂隙深2 m

图 4.34　相同降雨条件下不同深度裂隙膨胀土边坡孔隙水压力分布

4.7　本章小结

（1）膨胀土裂隙发育主要分为四个阶段：失水不发生裂隙阶段，表面裂隙线性快速增长阶段，表面裂隙减速增长阶段，表面裂隙趋于稳定阶段。不同压实度的膨胀土土样在脱湿到一定程度后边缘首先出现细裂隙，随后经历上述四个阶段；低压实度土样表面细裂隙多于高压实度土样，土样表面主要裂隙随压实度降低出现由开放向连通闭合发展的趋势。

（2）降雨入渗试验初期入渗率随脱湿时间的增加而增加，入渗率短时间内快速衰减，在较短的时间内就开始趋于稳定；降雨入渗试验中期，不同脱湿时间土样的入渗率处于同一数量级，脱湿时间 30 h 的土样很快达到稳定，脱湿时间 96 h、79 h 的土样在初期入渗率大，但衰减迅速，在很短的时间内达到稳定，脱湿时间 63 h、48 h、39 h 的土样经历初期快速衰减后衰减速度明显放缓，达到稳定的时间较长；降雨入渗试验稳定后的土样平均入渗率随脱湿时间增加而增加，达到峰值后开始缓慢减小，直至脱湿到近于完全干燥时略有所增加。

（3）不同压实度下裂隙膨胀土初始入渗率随压实度增大而增大，近似于线性关系，其后短时间内急骤衰减，压实度大的土样衰减稍慢一些，后期土样入渗率都处于 10^{-4} 数量级，稳定后入渗率先随压实度增大而减小，而后基本相同。

（4）不同初始含水率土样初始入渗率数量级相同，但各个土样入渗率变化区别很大，虽然都经历衰减阶段，但衰减速率与持续时间明显不同。初始含水率高的土样衰减速率较低、持续时间长。土样稳定后平均入渗率除极高初始含水率土样外其他基本相同,为 4×10^{-4} cm/s。

(5)膨胀土裂隙发育情况复杂,建立裂隙模型要进行一定的简化,故提出一种结合现场裂隙图片、土体含水率和室内试验成果建立裂隙模型的方法:假定裂隙沿土体表面法向方向向下延伸,并且同一土层不同宽度的裂隙发育为线性关系,通过室内试验得到不同含水率与表面裂隙的关系式,代入现场土体含水率就可以得到一个标准裂隙宽度,将现场裂隙图片处理后可以得出所有表面裂隙的宽度,根据表面裂隙宽度与标准裂隙表面宽度的比值将标准裂隙进行缩放就可以得到所需要的裂隙。通过上述过程就得到膨胀土土样裂隙模型。膨胀土降雨入渗过程中会吸水膨胀,裂隙宽度减小,从宏观上裂隙会完全闭合,但微观试验和重塑膨胀土前后渗透系数数量级上的重大差异都证明裂隙依然存在,将变形稳定后的裂隙简化为平行板状窄缝,同时将稳定后平均入渗率当作平行板的渗透系数,通过裂隙图像的处理得到裂隙的长度,结合平行板流量公式,可以认为降雨入渗裂隙宽度最终稳定为 10 μm。

(6)降雨入渗过程中膨胀土边坡渗流分析表明,降雨入渗对裂隙膨胀土与无裂隙膨胀土的影响有着极大的区别。降雨入渗对裂隙膨胀土深度的影响远大于无裂隙的情况,具体影响则与降雨强度、裂隙深度、降雨时长等因素有关。裂隙的存在会对渗流场产生巨大的影响,主要表现在:增大土体入渗边界,扩大降雨入渗的范围,提高土体地表的入渗率,使雨水进入土体内部。对于开裂的膨胀土,雨水入渗后,在土体开裂深度内扩散较快,裂隙越深裂隙底部扩散越快、影响范围也越广,在裂隙底部一定范围内形成一饱和区,这一部分土体的压力水头上升,吸力下降,是降雨入渗后,膨胀土边坡浅层滑动的根本原因,所以膨胀土边坡失稳主要发生在土体开裂深度范围处。

5 活化膨润土在垃圾填埋场衬里中的应用研究

5.1 引言

在垃圾的长期填埋过程中,由于降水入渗、微生物作用以及其他生物化学反应等,垃圾填埋场将产生大量的污染物,这些污染物会随着渗滤液在对流和弥散的作用下向周围的土壤和地下水中迁移,进而对垃圾填埋场周围的环境造成破坏。

为了保护土壤与地下水免遭污染,垃圾填埋场底部通常会建有衬里系统。黏土由于去污能力强、渗透系数小以及成本低等优势,被广泛应用于垃圾填埋场衬里中。在大多数情况下,衬里系统的设计主要考虑减小填埋场内渗滤液的渗流量。由于垃圾填埋场衬里不能有效地阻止污染物的扩散,所以提高衬里土壤材料的吸附能力被认为是解决这一缺陷的有效手段。

本章通过静态平衡吸附试验,采用酸活化膨润土、颗粒活性炭及氧化钙改良的衬里土壤材料,确定垃圾渗滤液中重金属的吸附能力以及吸附参数值。为了获得合理的参数值,在试验中充分考虑土壤固体颗粒浓度和温度对吸附的影响,确定土壤固体颗粒浓度、温度与吸附参数之间的关系,同时确定处于临界土壤固体颗粒浓度下的吸附参数值,为合理预测污染物在衬里土壤中的迁移提供可靠参数。垃圾填埋场中的垃圾会对下面的衬里产生较大的压力,其压力的大小主要取决于填埋的垃圾的密度与体积等。随着垃圾填埋量的不断增加,衬里的压力不断累加,当压力超过衬里的最大抗压强度时,衬里就会被破坏,进而失去防水截污的作用。因此研究者提出了一种新型的双层衬里系统,其上层土壤材料由黏土和石灰组成,主要作用是提高衬里的抗压强度。

经静态平衡吸附试验发现,垃圾填埋场衬里土壤材料对重金属的吸附能力以及吸附参数受温度的影响比较大,吸附能力与吸附参数随着温度的升高而增大。污染物在衬里土壤迁移的过程中,土壤与渗滤液污染物之间的吸附反应是影响污染物迁移速度的一个重要的因素。因此,为了合理地预测污染物在衬里中的迁移,在数值计算的过程中必须充分考虑温度的影响,这要求在计算污染物迁移的浓度场的同时,还应考虑温度场对浓度场的影响。为把复杂的问题进行合理简化,将填埋场底部衬里结构设为由90%黏土、10%石灰组成的上抗压土壤层和添加吸附剂的下吸附土壤层构成。在考虑衬里土壤材料对污染物的非线性吸附行为及温度对吸附量、吸附参数影响的条件下,分析渗滤液污染物在衬里中的迁移情况。

5.2 温度与土壤固体颗粒浓度对衬里土壤材料吸附重金属的影响

其研究中所使用的土壤未受到 $Cr(VI)$ 的污染,可以作为垃圾填埋场的衬里的材料。为提高黏土衬里的吸附能力,采用酸活化的钙基膨润土、颗粒活性炭(GAC)以及氧化钙作为改良衬里的添加吸附剂。膨润土的化学成分为 61.2% SiO_2、18.4% Al_2O_3、7.4% Fe_2O_3、2.5% CaO、2.4% MgO、1.7% K_2O、0.5% Na_2O。酸活化膨润土的制备采用湿法工艺,在浓度为 10% 的盐酸溶液中加入适量膨润土(固:液=1:4),活化的温度为 368 K,活化时间为 3 h,活化后用去离子水将其漂洗到 pH 值为 4~5,烘干粉碎后备用。研究中采用的衬里土壤材料分别为未处理的天然黏土、基于酸活化膨润土改良的黏土(97%天然黏土+3%酸活化膨润土)、基于颗粒活性炭改良的黏土(97%天然黏土+3%颗粒活性炭)、基于氧化钙改良的黏土(90%天然黏土+10%氧化钙)。试验中所用的溶液是重铬酸钾的水溶液。

静态平衡吸附试验在一个振动的水浴装置中进行。在 100 mL 锥形瓶中,将不同质量(2~8 g)的天然黏土、黏土与酸活化膨润土的混合物、黏土与颗粒活性炭的混合物以及黏土与氧化钙的混合物分别和 25 mL 不同初始浓度(20~300 mg/L)的 $Cr(VI)$ 溶液混合。振动的水浴装置分别在 295 K、313 K、323 K、333 K 的温度条件下工作。采用 HNO_3 和 NaOH 调节混合溶液的 pH 值。加氧化钙的黏土与溶液的混合物的 pH 值为 12.5~13.2,其他土壤与溶液的混合物的 pH 值控制在 7.0 左右,吸附时间为 24 h 以达到吸附平衡,振动的速度为 120 r/min。本研究认为 24 h 能达到完全吸附平衡,当吸附时间达到 24 h 后,提取部分混合溶液用离心机以 3500 r/min 的速度离心 10 min,将离心后的上清液用分光光度计检测 $Cr(VI)$ 的浓度,计算出土壤对 $Cr(VI)$ 的吸附量。

1. 温度对衬里土壤材料吸附重金属的影响

研究土壤对重金属的吸附特征时,经常用到的一种方法是等温吸附曲线法。该方法基于化学反应平衡原理,可用于研究污染及有益元素在一定条件下吸附-解析反应的状态特征。$Cr(VI)$ 进入土壤体系中,主要经过下列几个过程:①溶液中 $Cr(VI)$ 与土壤胶体(主要是 Fe、Al 氧化物)发生吸附和解吸平衡,土壤胶体对 $Cr(VI)$ 的吸附作用使 $Cr(VI)$ 从溶液转入土壤固相表面;②$Cr(VI)$ 被土壤有机质等还原剂还原成 $Cr(III)$,而后形成难溶的氢氧化铬沉淀或被土壤胶体所吸附;③$Cr(VI)$ 与土壤组分反应,形成难溶物沉淀。

常用来描述污染及有益元素吸附等温线的公式如下所示。

(1)对于可用分配系数 K_d 描述的吸附,其吸附等温线是线性的,为

$$C_s = K_d C_e \qquad (5-1)$$

式中:K_d 为吸附分配系数。

(2)如果符合 Freundlich 吸附模式,则其吸附等温线为

$$C_s = K_f C_e^{n_f} \qquad (5-2)$$

式中:K_f 为 Freundlich 分配系数;n_f 为 Freundlich 指数。

(3)如果符合 Langmuir 吸附模式,则其吸附等温线为

$$C_s = \frac{q_m b C_e}{1 + b C_e} \qquad (5-3)$$

式中:b 和 q_m 为吸附等温参数。

(4)如果符合 Temkin 吸附模式,则其吸附等温线为

$$C_s = a \ln(b C_e) \qquad (5-4)$$

式中:a 和 b 为常数。

土壤固体颗粒浓度为 80 g/L 的条件下,垃圾填埋场衬里土壤材料对 Cr(Ⅵ)吸附的等温线随温度的变化如图 5.1 所示,其标准偏差 R^2 值如表 5.1~表 5.4 所示。

分别采用三种吸附模式对试验数据进行拟合,结果发现垃圾填埋场衬里材料对 Cr(Ⅵ)的吸附属于非线性的 Langmuir 吸附模式,且均表现出了比较高的 R^2 值。分析图 5.1 可以得出,在温度为 295 K 时,当液相浓度从 0 增加到 50 mg/L,天然黏土对 Cr(Ⅵ)的吸附量由 0 迅速增至 123.82 mg/kg;添加 3%GAC 的黏土对 Cr(Ⅵ)的吸附量由 0 增加到 173.66 mg/kg;添加 3%酸活化膨润土的黏土对 Cr(Ⅵ)的吸附量由 0 增加到 195.85 mg/kg;添加 10%氧化钙的黏土对 Cr(Ⅵ)的吸附量也由 0 剧增到 1287.76 mg/kg。随着液相浓度由 50 mg/L 继续增加到 100 mg/L,天然黏土、添加 3%GAC 的黏土、添加 3%酸活化膨润土的黏土以及添加 10%氧化钙的黏土对 Cr(Ⅵ)的吸附量分别增加到 163.65 mg/kg、252.3 mg/kg、289.92 mg/kg 和 1640.47 mg/kg,增幅明显变缓。由图 5.1 也可以得到,四种垃圾填埋场衬里材料对 Cr(Ⅵ)的吸附量均随着温度的升高而升高,当 $C_e = 100$ mg/L 时,随着溶液的温度由 295 K 升高到 333 K,天然黏土材料对 Cr(Ⅵ)的吸附量由 163.65 mg/kg 增加到 385.56 mg/kg;添加 3%GAC 的黏土对 Cr(Ⅵ)的吸附量由 252.3 mg/kg 增加到 410.29 mg/kg;添加 3%酸活化膨润土的黏土对 Cr(Ⅵ)的吸附量由 289.92 mg/kg 增加到 495.67 mg/kg;添加 10%氧化钙的黏土对 Cr(Ⅵ)的吸附量由 1640.47 mg/kg 增加到 2660.9 mg/kg。分析以上数据可以得出,添加 10%氧化钙的黏土衬里材料对 Cr(Ⅵ)表现出了非常强烈的吸附,其后分别为添加 3%酸活化膨润

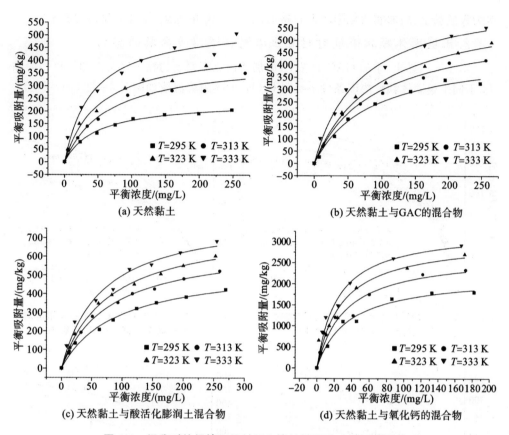

图 5.1　温度对垃圾填埋场衬里土壤材料吸附 Cr(Ⅵ)的影响

土的黏土衬里材料、添加 3% GAC 的黏土衬里材料、天然黏土衬里材料。说明添加了 GAC、酸活化膨润土或氧化钙的黏土衬里系统对重金属的吸附量比天然黏土衬垫材料的吸附量有了很大的提高。天然黏土、GAC、酸活化膨润土和氧化钙的比表面积分别为 23.5 m^2/g、814.7 m^2/g、275.8 m^2/g 和 51.4 m^2/g。其中 GAC 和酸活化膨润土有比较大的比表面积，所以其表面上有很多潜在的吸附点位，使之对 Cr(Ⅵ)具有较强的吸附能力[1]，另外经酸处理的膨润土的孔道与孔隙结构有所改善，原本致密的片状板层堆积结构变得疏松，孔道扩大，有利于使污染物分子进入并对其进行有效的吸附，且酸处理过程中 H^+ 中和了黏土表面的部分负电荷而产生了正电荷，这使 Cr(Ⅵ)更容易被黏土所吸附；在添加了氧化钙的黏土中，由于氧化钙的加入，溶液的 OH^- 逐渐增加，使得大半径的 $Cr_2O_7^{2-}$ 粒子向小半径的 CrO_4^{2-} 粒子转化，减小了粒子的空间位阻，使粒子更加容易被土壤吸附，同时 CrO_4^{2-} 粒子和溶液中的 Ca^{2+} 结合生成 $CaCrO_4$ 沉淀。温度对衬里土壤材料吸附重金属的影响由强到弱依次为天然黏土、添加酸活化膨润土的黏土、添加 GAC 的黏土、添加氧化钙的黏土。

2. 土壤固体颗粒浓度对衬里土壤材料吸附重金属的影响

对于天然黏土、添加 GAC 的黏土、添加酸活化膨润土的黏土以及添加氧化钙的黏土，不同土壤固体颗粒浓度条件下吸附 Cr(Ⅵ)的吸附等温线如图 5.2～图 5.17 所示。

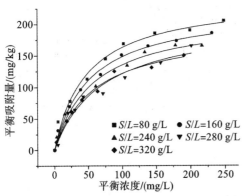

图 5.2　$T=295$ K 时土壤固体颗粒浓度对天然黏土吸附 Cr(Ⅵ)的影响

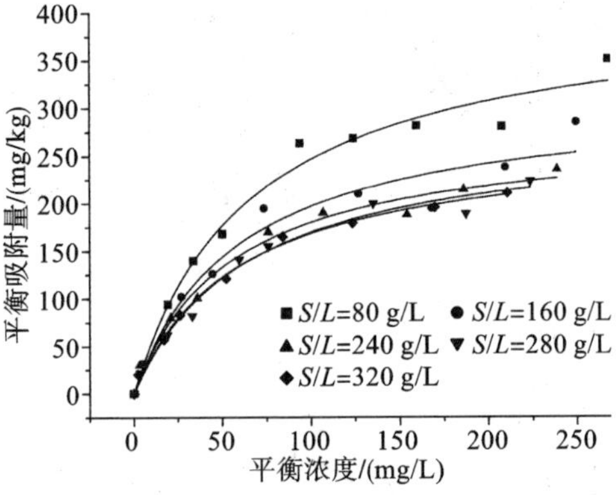

图 5.3　$T=313$ K 时土壤固体颗粒浓度对天然黏土吸附 Cr(Ⅵ)的影响

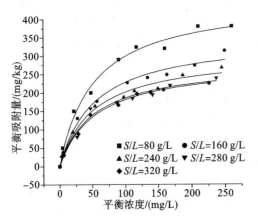

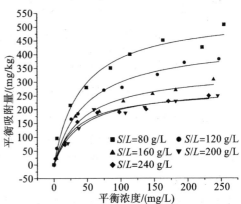

图 5.4　$T=323$ K 时土壤固体颗粒浓度对天然黏土吸附 Cr(Ⅵ)的影响

图 5.5　$T=333$ K 时土壤固体颗粒浓度对天然黏土吸附 Cr(Ⅵ)的影响

从图 5.2～图 5.17 可以得出，在温度为 295 K、液相浓度为 100 mg/L 时，随着土壤固体颗粒浓度由 80 g/L 增加到 280 g/L，天然黏土与添加 10% 氧化钙的黏土对 Cr(Ⅵ)的吸附量分别由 163.65 mg/kg 和 1640.47 mg/kg 迅速减小到 123.2 mg/kg 和 845.58 mg/kg；然而当试验中的土壤固体颗粒浓度进一步增加到 320 g/L 时，这两种衬里土壤材料的吸附量分别为 121.82 mg/kg 和 831.09 mg/kg，

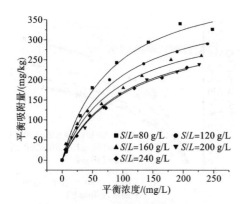

图 5.6　$T=295$ K 时土壤固体颗粒浓度对
天然黏土与颗粒活性炭混合物吸
附 Cr(Ⅵ)的影响

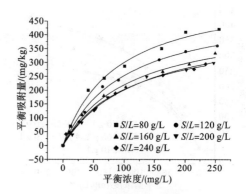

图 5.7　$T=313$ K 时土壤固体颗粒浓度对
天然黏土与颗粒活性炭混合物吸
附 Cr(Ⅵ)的影响

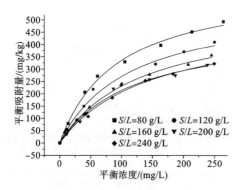

图 5.8　$T=323$ K 时土壤固体颗粒浓度对
天然黏土与颗粒活性炭混合物吸
附 Cr(Ⅵ)的影响

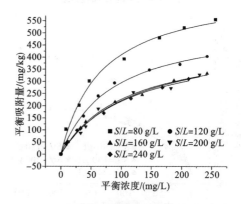

图 5.9　$T=333$ K 时土壤固体颗粒浓度对
天然黏土与颗粒活性炭混合物吸
附 Cr(Ⅵ)的影响

下降的趋势几乎停滞了;对于添加 3% GAC 的黏土和添加 3% 酸活化膨润土的黏土,随着土壤固体颗粒浓度由 80 g/L 增加到 200 g/L,两种黏土对 Cr(Ⅵ)的吸附量分别由 252.3 mg/kg 和 289.92 mg/kg 急剧下降到 168.68 mg/kg 和 193.67 mg/kg,与天然黏土和添加氧化钙的黏土相同,随着土壤固体颗粒浓度继续增大到 240 g/L,这两种衬里土壤材料的吸附量分别为 166.2 mg/kg 和 190.32 mg/kg,与 200 g/L 的吸附量相比,仅减少了 2.48 mg/kg 和 3.35 mg/kg。由以上分析可以得出,所有土壤对Cr(Ⅵ)的吸附表现出同一趋势:随着土壤固体颗粒浓度的增加,土壤对 Cr(Ⅵ)的吸附能力表现出了急剧下降趋势,这可能是由于随着土壤固体颗粒浓度的增加,吸附剂的吸附效率逐渐减小,即固体颗粒浓度的增加增大了需要吸附的面积,造成吸附

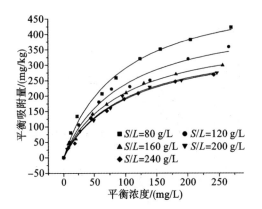

图 5.10　$T=295$ K 时土壤固体颗粒浓度
对天然黏土与酸活化膨润土混
合物吸附 Cr(Ⅵ)的影响

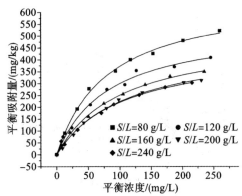

图 5.11　$T=313$ K 时土壤固体颗粒浓度
对天然黏土与酸活化膨润土混
合物吸附 Cr(Ⅵ)的影响

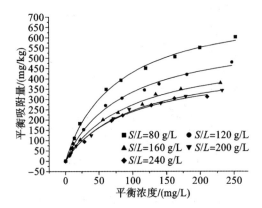

图 5.12　$T=323$ K 时土壤固体颗粒浓度对
天然黏土与酸活化膨润土混合物
吸附 Cr(Ⅵ)的影响

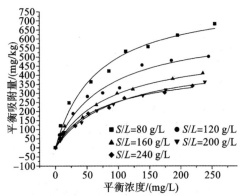

图 5.13　$T=333$ K 时土壤固体颗粒浓度
对天然黏土与酸活化膨润土混
合物吸附 Cr(Ⅵ)的影响

剂达到吸附饱和的速度变慢。但随着土壤固体颗粒进一步增加到某一特定值时,吸附量的下降程度趋于缓和,并且吸附等温线形式几乎稳定了,此时的土壤固体浓度值即为临界土壤固体颗粒浓度值。在温度为 295 K、313 K、323 K、333 K 时,天然黏土对 Cr(Ⅵ)吸附的土壤固体颗粒浓度临界值均为280 g/L;对于添加 3%GAC 的黏土,当温度分别为 295 K、313 K、323 K、333 K 时,土壤固体颗粒浓度临界值分别为 200 g/L、200 g/L、200 g/L 和160 g/L;当温度由 295 K 升高到 333 K 时,添加 3%酸活化膨润土的黏土的土壤固体颗粒临界值为 200 g/L;在不同温度条件下,添加 10%氧化钙的黏土的土壤固体颗粒临界值为 280 g/L。在临界土壤固体颗粒浓度、

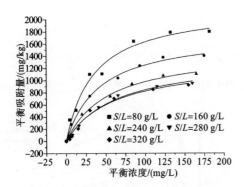

图 5.14　$T=295$ K 时土壤固体颗粒浓度
对天然黏土与氧化钙混合物吸
附 Cr(Ⅵ)的影响

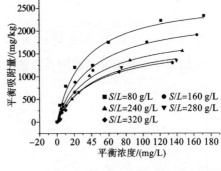

图 5.15　$T=313$ K 时土壤固体颗粒浓度
对天然黏土与氧化钙混合物吸
附 Cr(Ⅵ)的影响

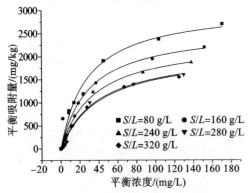

图 5.16　$T=323$ K 时土壤固体颗粒浓度
对天然黏土与氧化钙混合物吸
附 Cr(Ⅵ)的影响

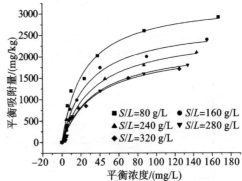

图 5.17　$T=333$ K 时土壤固体颗粒浓度
对天然黏土与氧化钙混合物吸
附 Cr(Ⅵ)的影响

液相浓度均为 100 mg/L 的条件下,随着温度由 295 K 升高到 333 K,黏土对 Cr(Ⅵ)的吸附量分别为 123.2 mg/kg、169.55 mg/kg、183.56 mg/kg 和 203.88 mg/kg;添加 3% GAC 的黏土对 Cr(Ⅵ)的吸附量由 168.68 mg/kg 增大到 220.52 mg/kg;添加 3% 酸活化膨润土的黏土和加入 10% 氧化钙的黏土对 Cr(Ⅵ)的吸附量分别由 193.67 mg/kg 和 845.58 mg/kg 增大到 254.64 mg/kg 和 1691.25 mg/kg。

　　由以上分析可以得出结论,在静态平衡吸附试验中,当采用比较低的土壤固体颗粒浓度时,所确定的垃圾填埋场衬里材料对污染物的去除率将会比实际值大很多,这将会导致设计时对衬里系统的安全性能做出过高估计。为了合理地确定衬里材料对污染物的吸附能力,在试验的过程中必须充分考虑土壤固体颗粒浓度值效应,以确定临界土壤固体颗粒浓度值。

3. 土壤固体颗粒浓度对吸附参数的影响

土壤固体颗粒浓度对吸附参数的影响如图 5.18～图 5.25 所示。

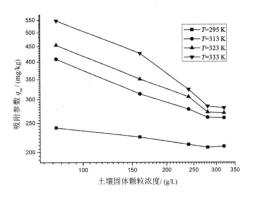

图 5.18　天然黏土的吸附参数 q_m 与
土壤固体颗粒浓度的关系

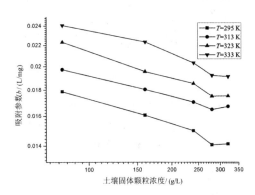

图 5.19　天然黏土的吸附参数 b 与
土壤固体颗粒浓度的关系

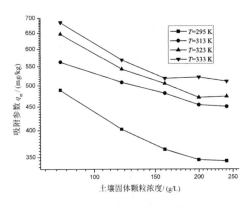

图 5.20　天然黏土与 GAC 混合物的吸附参
数 q_m 与土壤固体颗粒浓度的关系

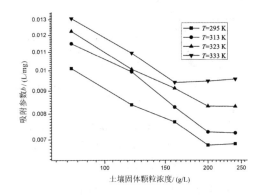

图 5.21　天然黏土与 GAC 混合物的吸附参
数 b 与土壤固体颗粒浓度的关系

对于所有的衬里土壤材料,土壤固体颗粒浓度与 Langmuir 吸附参数 q_m、b 的关系如图 5.18～图 5.25 所示,其标准偏差 R^2 值如表 5.1～表 5.4 所示。由图 5.18～图 5.25 可以得出,在温度为 295 K 的条件下,随着土壤固体颗粒浓度由 80 g/L 增加到临界值 280 g/L,黏土吸附 Cr(Ⅵ)的吸附参数 q_m、b 分别由 241.28 mg/kg 和 0.01787 L/mg 迅速减小到 207.58 mg/kg 和 0.01406 L/mg,当土壤固体颗粒浓度继续增加到 320 g/L 时,q_m、b 值分别为 209.31 mg/kg 和 0.01411 L/mg,此时与处

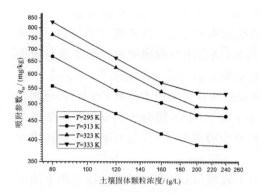

图 5.22 天然黏土与酸活化膨润土混合物的吸附参数 q_m 与土壤固体颗粒浓度的关系

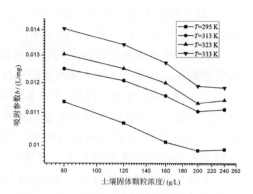

图 5.23 天然黏土与酸活化膨润土混合物的吸附参数 b 与土壤固体颗粒浓度的关系

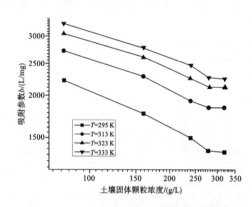

图 5.24 天然黏土与氧化钙混合物的吸附参数 q_m 与土壤固体颗粒浓度的关系

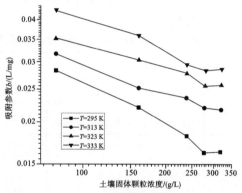

图 5.25 天然黏土与氧化钙混合物的吸附参数 b 与土壤固体颗粒浓度的关系

于临界土壤浓度值处的吸附参数几乎相当;土壤固体颗粒浓度分别为 80 g/L、120 g/L、160 g/L、200 g/L 和 240 g/L 时,添加 3%GAC 的黏土的吸附参数 q_m 分别为 488.63 mg/kg、401.87 mg/kg、363.65 mg/kg、345.37 mg/kg 和 343.31 mg/kg,吸附参数 b 分别为 0.0101 L/mg、0.00838 L/mg、0.00767 L/mg、0.0068 L/mg 和 0.00685 L/mg;当土壤固体颗粒浓度由 80 g/L 增加到 200 g/L 时,添加 3%酸活化膨润土的黏土的吸附参数 q_m 由 557.91 mg/kg 下降到 387.53 mg/kg,同时吸附参数 b 也由 0.01136 L/mg 下降至 0.00985 L/mg,当土壤固体颗粒浓度值继续增加直至超过临界值 200 g/L 后,吸附参数 q_m、b 值基本稳定了;对于添加 10%氧化钙的黏土,其吸附参数 q_m、b 值也随着土壤固体颗粒浓度的增加,分别由 2210.23 mg/kg 和

0.02828 L/mg 急剧下降到 1357.06 mg/kg 和 0.01631 L/mg。在温度分别上升至 313 K、323 K 和 333 K 时,不同土壤样本的吸附参数 q_m、b 值表现出了与在温度为 295 K 时相同的规律。由以上的分析可以得出,试验中所有研究的衬里土壤材料的吸附参数 q_m、b 值均随着土壤固体颗粒浓度的增加出现了急剧的减小。由图5.18～图5.25 也可以看出,在双对数坐标系中,研究的所有土壤样本吸附 Cr(Ⅵ)的吸附参数 q_m、b 值与土壤固体颗粒浓度呈线性减小关系。然而,随着土壤固体颗粒浓度的进一步增加,吸附参数值的这种快速下降趋势变得缓和了,且当土壤固体颗粒浓度达到临界值后吸附参数值几乎不再减小。

由以上分析可以得出如下结论:在静态平衡吸附试验中,采用比较低的土壤固体颗粒浓度所确定的吸附参数值与实际工程的参数值相差比较大,因此,为了获得合理的吸附参数值,静态平衡吸附试验应该在一个充分大的土壤固体颗粒浓度值的条件下进行。如果土壤固体颗粒浓度低于临界值,通过试验确定的吸附参数不适合作为数值计算的模拟参数去模拟实际工程条件,否则垃圾填埋场衬里系统的迟滞因子将被过高估计。

表 5.1　不同温度和土壤固体颗粒浓度下天然黏土吸附 Cr(Ⅵ)的吸附参数 q_m、b 值

S/L /(g/L)	$T=295$ K			$T=313$ K			$T=323$ K			$T=333$ K		
	q_m /(mg/kg)	b /(L/mg)	R^2	q_m /(mg/kg)	b /(L/mg)	R^2	q_m /(mg/kg)	b /(L/mg)	R^2	q_m /(mg/kg)	b /(L/mg)	R^2
80	241.28	0.01787	0.985	408.36	0.01974	0.979	454.22	0.02232	0.99	547.11	0.02405	0.977
160	224.64	0.01607	0.993	312.41	0.01805	0.958	350.37	0.01955	0.986	426.21	0.02233	0.988
240	212.16	0.01498	0.986	277.99	0.01703	0.985	305.43	0.01853	0.984	323.2	0.02031	0.981
280	207.58	0.01406	0.971	260.96	0.01648	0.985	271.56	0.01749	0.979	284.1	0.01921	0.973
320	209.31	0.01411	0.989	260.26	0.0167	0.994	269.94	0.01751	0.995	280.67	0.01911	0.981

表 5.2　不同温度和土壤固体颗粒浓度下天然黏土与 GAC 混合物吸附 Cr(Ⅵ)的吸附参数 q_m、b 值

S/L /(g/L)	$T=295$ K			$T=313$ K			$T=323$ K			$T=333$ K		
	q_m /(mg/kg)	b /(L/mg)	R^2	q_m /(mg/kg)	b /(L/mg)	R^2	q_m /(mg/kg)	b /(L/mg)	R^2	q_m /(mg/kg)	b /(L/mg)	R^2
80	488.63	0.0101	0.992	561.98	0.01149	0.993	646.33	0.01224	0.995	684.94	0.01307	0.993
120	401.87	0.00838	0.99	507.82	0.00993	0.997	542.33	0.01006	0.984	567.78	0.01094	0.994
160	363.65	0.00767	0.986	481	0.00828	0.994	504.78	0.00912	0.996	517.73	0.0094	0.995
200	345.37	0.0068	0.989	453.98	0.00728	0.996	471.01	0.00832	0.99	521	0.00946	0.984
240	343.31	0.00685	0.994	450.06	0.00724	0.992	473.5	0.00831	0.993	510.4	0.00956	0.994

表 5.3　不同温度和土壤固体颗粒浓度下天然黏土与酸活化膨润土混合物吸附 Cr(Ⅵ)的吸附参数 q_m、b 值

S/L /(g/L)	T=295 K			T=313 K			T=323 K			T=333 K		
	q_m /(mg/kg)	b /(L/mg)	R^2	q_m /(mg/kg)	b /(L/mg)	R^2	q_m /(mg/kg)	b /(L/mg)	R^2	q_m /(mg/kg)	b /(L/mg)	R^2
80	557.91	0.01136	0.992	670.55	0.0125	0.997	767.63	0.01304	0.997	829.55	0.01405	0.986
120	470.97	0.01067	0.995	542.98	0.01208	0.992	626.05	0.01251	0.994	664.12	0.01341	0.98
160	415.2	0.0101	0.995	503.69	0.01156	0.997	539.68	0.012	0.995	570.12	0.01272	0.989
200	387.53	0.00985	0.995	466.43	0.01104	0.99	491.97	0.01131	0.995	535.67	0.01189	0.983
240	385.21	0.00988	0.992	462.6	0.0111	0.979	488.16	0.01141	0.993	532.37	0.01183	0.981

表 5.4　不同温度和土壤固体颗粒浓度下天然黏土与氧化钙混合物吸附 Cr(Ⅵ)的吸附参数 q_m、b 值

S/L /(g/L)	T=295 K			T=313 K			T=323 K			T=333 K		
	q_m /(mg/kg)	b /(L/mg)	R^2	q_m /(mg/kg)	b /(L/mg)	R^2	q_m /(mg/kg)	b /(L/mg)	R^2	q_m /(mg/kg)	b /(L/mg)	R^2
80	2210.23	0.02828	0.984	2707.77	0.0316	0.972	3063.28	0.03549	0.956	3290.27	0.04267	0.978
160	1768.79	0.02211	0.996	2276.84	0.02511	0.994	2599.71	0.03039	0.98	2774.06	0.03599	0.985
240	1488.82	0.01813	0.994	1924.69	0.02356	0.993	2246.64	0.02781	0.994	2455.27	0.02948	0.986
280	1365.6	0.0162	0.992	1837.29	0.02198	0.99	2112.03	0.0255	0.99	2264.74	0.02841	0.978
320	1357.06	0.01631	0.984	1830.83	0.02179	0.984	2114.93	0.02569	0.988	2253.74	0.02857	0.972

4.温度对吸附参数的影响

温度对吸附参数的影响如图 5.26～图 5.33 所示。

对于所有研究中的衬里土壤材料,温度对吸附参数 q_m、b 的影响如图 5.26～图 5.33 所示。由图 5.26～图 5.33 可以看出,在土壤固体颗粒浓度为 80 g/L 的条件下,随着温度由 295 K 上升到 333 K,天然黏土的吸附参数 q_m、b 分别由 241.28 mg/kg 和 0.01787 L/mg 增大至 547.11 mg/kg 和 0.02405 L/mg;对于添加 3%GAC 的黏土,随着温度的上升,吸附参数 q_m 分别为 488.63 mg/kg、561.98 mg/kg、646.33 mg/kg 和 684.94 mg/kg,吸附参数 b 分别为 0.0101 L/mg、0.01149 L/mg、0.01224 L/mg 和 0.01307 L/mg;对于添加 3%酸活化膨润土的黏土,随着温度由 295 K 上升至 333 K,吸附参数 q_m 由 557.91 mg/kg 增大到829.55 mg/kg,

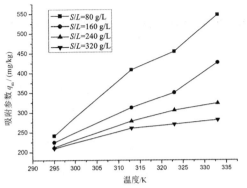

图 5.26 天然黏土的吸附参数 q_m 与温度的关系

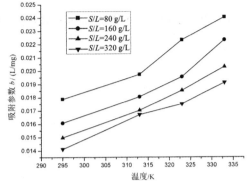

图 5.27 天然黏土的吸附参数 b 与温度的关系

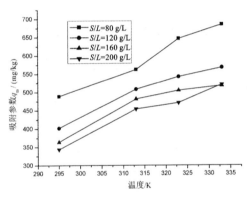

图 5.28 天然黏土与 GAC 的混合物的吸附参数 q_m 与温度的关系

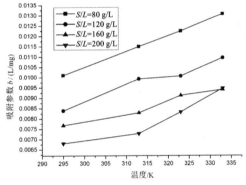

图 5.29 天然黏土与 GAC 的混合物的吸附参数 b 与温度的关系

吸附参数 b 也由 0.01136 L/mg 增大至 0.01405 L/mg；对于添加 10％氧化钙的黏土，吸附参数 q_m、b 分别由 2210.23 mg/kg 和 0.02828 L/mg 增大到 3290.27mg/kg 和 0.04267 L/mg。在同一土壤固体颗粒浓度下，研究中的所有土壤样本吸附 Cr(Ⅵ)的吸附参数 q_m、b 值均表现出随着试验中溶液温度的升高而基本呈线性增大的趋势；在其他土壤固体颗粒浓度下，吸附参数值也表现出了同样的趋势。

对于所有土壤样本，在处于临界土壤固体颗粒浓度条件下温度对吸附参数的影响的拟合曲线如图 5.34～图 5.35 所示。由图 5.34～图 5.35 可以看出，处于临界土壤固体颗粒浓度条件下，所有土壤样本的吸附参数 q_m、b 值与温度的关系可以用线性来描述，且拟合曲线表现出了很高的可信度。

不同土壤样本的吸附参数与温度的拟合直线与标准偏差如表 5.5 所示。

由以上分析可以得出，垃圾填埋场衬里土壤材料对重金属的吸附参数与温度之

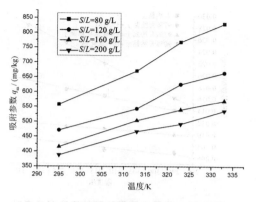

图 5.30 天然黏土与酸活化膨润土的混合
物的吸附参数 b 与温度的关系

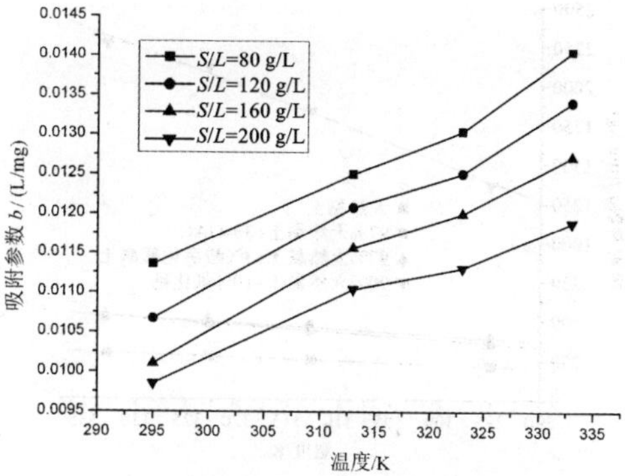

图 5.31 天然黏土与酸活化膨润土的混合
物的吸附参数 q_m 与温度的关系

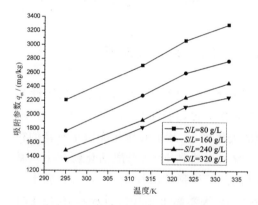

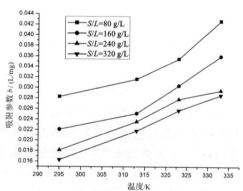

图 5.32 天然黏土与氧化钙的混合物的
吸附参数 q_m 与温度的关系

图 5.33 天然黏土与氧化钙的混合物的
吸附参数 b 与温度的关系

间基本呈线性增大的关系,这为在温度场和浓度场同时作用下衬里中污染物迁移的
数值计算提供了合理的吸附参数与温度的函数关系,使数值计算模型与预测结果更
接近于实际工程情况,进而为合理设计垃圾填埋场的衬里系统提供依据。

表 5.5 衬里土壤材料在临界土壤固体颗粒浓度下的吸附参数与温度的关系

衬里土壤材料	q_m 与 T 的拟合直线	R^2	b 与 T 的拟合直线	R^2
天然黏土	$q_m=-380.99+2.02\times T$	0.97	$b=-0.025+1.32\times10^{-4}\times T$	0.997
97%黏土+3%GAC	$q_m=-971.5+4.49\times T$	0.984	$b=-0.014+6.91\times10^{-5}\times T$	0.947
97%黏土+3%酸活化膨润土	$q_m=-737.76+3.82\times T$	0.996	$b=-0.0056+5.24\times10^{-5}\times T$	0.99
90%黏土+10%氧化钙	$q_m=-5762.6+24.23\times T$	0.995	$b=-0.079+3.24\times10^{-4}\times T$	0.997

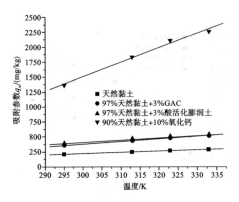

图5.34 临界土壤固体颗粒浓度下温度对土壤样本的吸附参数 q_m 的影响

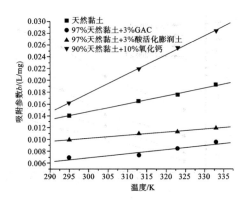

图5.35 临界土壤固体颗粒浓度下温度对土壤样本的吸附参数 b 的影响

5.3 垃圾填埋场衬里的设计与模型试验研究

为提高衬里的吸附能力和抗压强度,采用酸活化的钙基膨润土、颗粒活性炭(GAC)作为改良衬里的添加吸附剂,采用石灰作为提高衬里抗压强度的改良材料。研究中采用的衬里土壤材料分别为未处理的天然黏土、基于酸活化膨润土改良的衬里材料(97%天然黏土+3%酸活化膨润土,94%天然黏土+6%酸活化膨润土)、基于颗粒活性炭改良的衬里材料(97%天然黏土+3%颗粒活性炭,94%天然黏土+6%颗粒活性炭)、基于石灰改良的衬里材料(90%天然黏土+10%石灰)。衬里土壤材料的基本土工特性如表5.6所示。

表5.6 衬里土壤材料的基本土工特性

土样	项目						
	W_L	W_P	I_P	$\rho_{dmax}/(g/cm^3)$	W_{opt}	e	G_s
天然黏土	29.9	14.2	15.7	1.72	18.8	0.35	2.66
97%天然黏土+3%酸活化膨润土	33.7	14.8	18.9	1.67	21.3	0.32	2.60
94%天然黏土+6%酸活化膨润土	35.6	15.2	20.4	1.63	24.5	0.34	2.62
97%天然黏土+3%颗粒活性炭	34.6	13.5	21.1	1.62	18	0.36	2.57
94%天然黏土+6%颗粒活性炭	32.4	14.8	17.6	1.56	16.4	0.37	2.59
90%天然黏土+10%石灰	29.9	15.7	14.2	1.54	25.2	0.54	2.61

　　衬里土壤材料的渗透系数的检测方法:采用渗透仪,在变水头的条件下,对衬里土壤材料的渗透系数进行检测。

　　衬里土壤材料的无侧限抗压强度的检测方法:采用应变控制式无侧限压缩仪对衬里土壤材料的无侧限抗压强度进行检测。

　　土柱模型试验中使用的土柱体为有机玻璃,柱长为 18 cm,直径为 10 cm,在柱体的顶部装有 2 mm 厚的多孔有机玻璃板。为了避免污染物沿土柱内壁渗漏,土柱的内壁装有一层橡胶膜,土柱试验设备结构如图 5.36 所示。

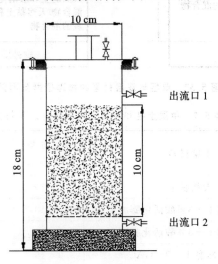

图 5.36　土柱试验设备结构

　　土柱中的土壤材料分为单层和双层两种,单层衬里土壤材料分别为天然黏土、添加颗粒活性炭的黏土、添加酸活化膨润土的黏土以及添加石灰的黏土;双层衬里土壤材料由上层的添加石灰的黏土和下层的添加颗粒活性炭或酸活化膨润土的黏土组成。单层与双层衬里的物理模型剖面图如图 5.37 所示。取风干、过 2 mm 筛后的土样,采用分层击实的方法装入有机玻璃柱中,使其压实后,首先用去离子水饱和土柱,待出流口 2 处的水流达到稳定后,向柱体中加入含 Cr(Ⅵ)的渗滤液,上边界的压力水头为 250 cm,自此污染物开始在土柱中迁移。试验中所采用的土壤材料的渗透系数、Cr(Ⅵ)的浓度以及污染物持续作用时间如表 5.7 所示。

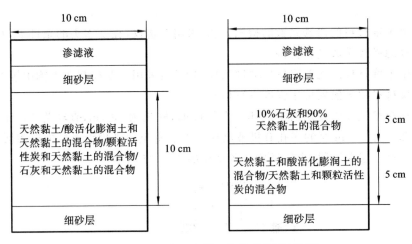

图 5.37　单层与双层衬里的物理模型剖面图

表 5.7　单层土柱和双层土柱试验的试验条件

土柱类型	土壤材料	渗透系数 K/(cm/s)	Cr(Ⅵ)浓度 /(mg/L)	污染物持续 作用时间/d
单层土柱	天然黏土	$4.1×10^{-8}$	58.7	350
	97%天然黏土+3%酸活化膨润土	$3.2×10^{-8}$	61.6	350
	94%天然黏土+6%酸活化膨润土	$3.3×10^{-8}$	60.3	350
	97%天然黏土+3%GAC	$3.0×10^{-8}$	60.3	350
	94%天然黏土+6%GAC	$5.5×10^{-8}$	60.3	400
	90%天然黏土+10%石灰	$5.9×10^{-6}$	23.4	10
双层土柱	上层:90%天然黏土+10%石灰	$5.3×10^{-6}$	62.5	420
	下层:97%天然黏土+3%酸活化膨润土	$3.8×10^{-8}$		
	上层:90%天然黏土+10%石灰	$5.3×10^{-6}$	62.5	420
	下层:94%天然黏土+6%酸活化膨润土	$3.7×10^{-8}$		
	上层:90%天然黏土+10%石灰	$5.3×10^{-6}$	62.5	420
	下层:97%天然黏土+3%GAC	$4.0×10^{-8}$		
	上层:90%天然黏土+10%石灰	$5.3×10^{-6}$	62.5	420
	下层:94%天然黏土+6%GAC	$4.2×10^{-8}$		

　　污染物在添加 10%石灰的单层衬里中迁移,采用每隔一定时间检测出流口 2 中

Cr(Ⅵ)浓度的方法来分析污染物在衬里中的迁移。对于双层衬里和其他单层衬里中污染物的迁移,待淋滤结束后将土壤层推离土柱,用细钢丝把整个土壤层平均切成 10 份,每份土样切成两小片,一片用来测土壤的含水率,另一片则在 2400 kPa 压力的作用下持续挤压 12 h 后,提取土样中的孔隙水。对于双层土柱中的上层土壤(90%黏土+10%石灰),对每份土样加入 20 mL 去离子水,将土-水混合物放入振荡器振荡 24 h 以萃取孔隙溶液。将提取出的孔隙水与萃取后的悬浊液采用离心机离心 1 h,使土颗粒与溶液充分分离,取少量上清液,采用分光度计检测 Cr(Ⅵ)的浓度,进而确定污染物在衬里中的分布。

1. 衬里土壤材料的渗透系数与抗压强度

(1)衬里土壤材料的渗透系数。

渗透系数是垃圾填埋场衬里设计的重要参数。衬里土壤材料的含水率对渗透系数的影响如图 5.38 所示。

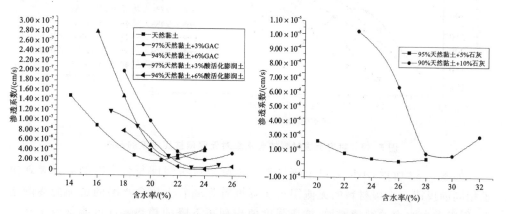

图 5.38　衬里土壤材料的含水率对渗透系数的影响

由图 5.38 可以得到,当衬里土壤材料的含水率低于最优含水率时,其渗透系数有相对比较大的值,当压实土壤材料的含水率稍高于最优含水率时,渗透系数有比较小的值。当含水率超过最优含水率 2%左右时,土壤材料的渗透系数达到最小值。有许多学者和研究组织也报道过同样的现象。造成这种现象的原因是较多的水分能产生较大的能量去打破土壤颗粒聚集体,并且能进一步减小土壤颗粒聚集体之间的孔隙,还能使土壤颗粒重新定位,使颗粒分散得更加均匀,并在土壤颗粒的周围形成一层水膜,引起黏土的膨胀,使土壤颗粒周围产生了较大的压力,造成土壤的有效孔隙尺寸减小且变得曲折,这加大了水分在土壤中传输的难度,最终导致了较低的渗透系数。

根据《生活垃圾卫生填埋技术规范》(CJJ 17—2004)中的规定,垃圾填埋场衬里的渗透系数必须小于 $1×10^{-7}$ cm/s。天然黏土以及由颗粒活性炭、酸活化膨润土与黏土组成的混合物的渗透系数在一定的含水率下均能达到要求;但添加 5% 或 10% 石灰的黏土,其渗透系数超过了规范中的要求。所以,由石灰和黏土混合后的土壤不能单独作为衬里土壤材料使用。

(2)衬里土壤材料的无侧限抗压强度。

不同衬里土壤材料的含水率对无侧限抗压强度的影响如图 5.39 所示。

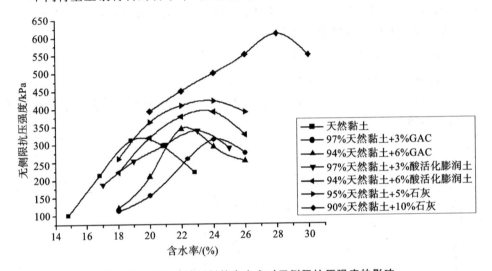

图 5.39　衬里土壤材料的含水率对无侧限抗压强度的影响

如图 5.39 所示,不同衬里土壤材料的无侧限抗压强度与含水率的关系表现出了相同的规律。土壤材料的无侧限抗压强度首先随着土壤含水率的增加而逐渐增大,但随着含水率的继续增加,抗压强度值出现了下降的趋势。这可能是由于在含水率较低的情况下,随着含水率增加,土壤聚集体之间的孔隙减小,土颗粒结合更为紧密,造成抗压强度增大;但当含水率的增加到较大值时,将引起土壤聚集体的重塑,进而造成土壤抗压强度的损失。

垃圾填埋场的衬里土壤材料必须有足够大的抗压强度,以保证衬里能承受上覆垃圾的重量而不被破坏。垃圾的重量对衬里产生比较大的压力,压力的大小取决于垃圾填埋场的高度与垃圾的填埋密度。但至今为止,衬里土壤材料的最小抗压强度一直没有明确的规定。Daniel 等人[2]认为作为衬里的土壤材料的无侧限抗压强度最小值应为 200 kPa。由图 5.39 可以看出,研究中的几种衬里土壤材料在一定的含水率条件下的无侧限抗压强度均能达到 200 kPa 以上,尤其是添加了 10% 石灰的黏土,其抗压强度的最大值为 609.3 kPa,超出了天然黏土的最大抗压强度300 kPa 左右。

根据衬里土壤材料的渗透系数以及无侧限抗压强度的试验结果,为了使垃圾填埋场衬里能满足要求,可以考虑采用双层土壤组成的衬里系统。这种衬里的基本设计理念为,上土壤层主要起到承载压力的作用,此层土壤材料由90％天然黏土与10％石灰组成;下层为吸附剂(颗粒活性炭、酸活化膨润土)与黏土组成的土壤材料,主要起到防渗与吸附污染物的作用。这种衬里系统不仅能作为渗滤液与污染物的阻隔层,而且在很大程度上提高了衬里系统的抗压能力,这增加了垃圾填埋场的填埋储量,进而节约了填埋场的建造成本。

2.土柱模型试验结果与弥散系数的确定

根据污染物在多孔介质中迁移的控制方程,并结合相应的定界条件(初始条件、边界条件以及迁移参数),通过数值计算方法预测污染物迁移,即求解污染物迁移的正问题。这已成为污染物预测、控制和环境评价方面的重要内容。污染物迁移模型预测的准确性在很大程度上依赖于数值模型的可靠性和计算参数的准确性,忽略任何一方都不能得到符合实际的计算结果。弥散系数、吸附参数以及渗流速度是污染物在多孔介质中迁移的基本参数。这些参数的确定一般是通过试验的方法观测污染物在土柱中的迁移情况,然后利用数值的方法反计算迁移参数。

(1)污染物在土壤中的迁移的数学模型。

假设土壤是均质的,由平衡吸附试验结果可知土壤对污染物的吸附符合非线性的 Langmuir 模式,故污染物在土壤中迁移的一维控制方程如下[3]

$$\left(1 + \frac{\rho_b q_m b}{n \; (1+bC)^2}\right)\frac{\partial C}{\partial t} = D \frac{\partial^2 C}{\partial z^2} - V \frac{\partial C}{\partial z} \tag{5-5}$$

式中:ρ_b 为土壤密度;V 为水流速度;D 为水动力弥散系数;q_m、b 为 Langmuir 吸附等温参数;C 为污染物浓度;n 为有效空隙率;z 为土壤剖面坐标。

式(5-5)中的弥散系数 D 可以表达为

$$D = D_m + D^* \tag{5-6}$$

式中:D_m 为机械弥散系数,且 $D_m = \alpha_L V$,α_L 为纵向弥散度;D^* 为有效分子弥散系数。

(2)衬里土壤材料吸附参数的确定。

静态平衡吸附试验结果表明,不同衬里土壤材料对 Cr(Ⅵ)的吸附符合 Langmuir 等温模式。Langmuir 等温参数(q_m、b)值可根据吸附等温线来确定。由于吸附等温线以及参数 q_m、b 值受土壤固体颗粒浓度值影响比较大,为了使确定的 q_m、b 值接近于土柱试验的实际情况,静态平衡吸附试验中,必须采用足够大的土壤固体颗粒浓度值,故本研究中所采用的参数 q_m、b 值均在临界土壤固体颗粒浓度值的条件下确定。试验中采用的试验方法与过程以及检测与第三章所述方法相同。衬里土壤材料对 Cr(Ⅵ)的吸附等温线如图 5.40 所示,试验中所用的土壤固体颗粒浓度值以及参数 q_m、b 值列于表 5.8 中。

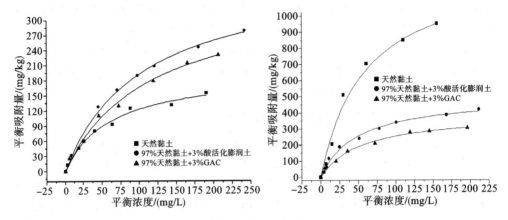

图 5.40　衬里土壤材料对 Cr(Ⅵ)的吸附等温线

表 5.8　衬里土壤材料吸附 Cr(Ⅵ)的等温参数值

项目	土壤材料				
	天然黏土	97％天然黏土 + 3％酸活化膨润土	97％天然黏土 + 3％GAC	94％天然黏土 + 6％酸活化膨润土	94％天然黏土 + 6％GAC	90％天然黏土 + 10％石灰
q_m/（mg/kg）	207.58	387.53	345.37	496.11	429.2	1365.6
b/（L/mg）	0.014	0.0099	0.0068	0.021	0.019	0.016
S/L/（g/L）	280	200	200	240	240	280

(3)污染物在土壤系统中的迁移与弥散系数的确定。

对于由单层与双层土壤材料组成的土柱试验,待试验结束后,检测土壤层剖面的含水率分布,其结果与装填时的初始含水率比较情况如图 5.41～图 5.42 所示。由图 5.41～图 5.42 可知,所有衬里土壤材料的最终含水率均远高于初始压实含水率,且接近于饱和值,说明本研究中的污染物在土壤中的迁移可以看作是在饱和多孔介质中进行的,故由污染物迁移方程(公式(5-5))来表达污染物在土壤中的迁移是合理的。

污染物 Cr(Ⅵ)在单层与双层土壤系统中迁移的试验数据如表 5.9～表 5.11 所示。

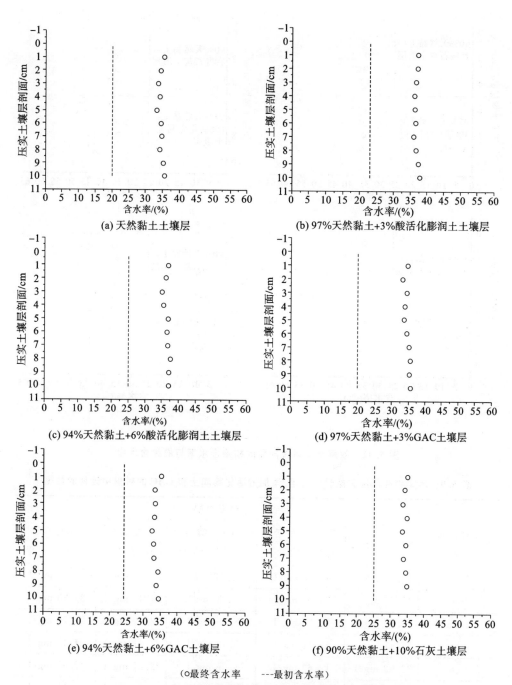

(a) 天然黏土土壤层

(b) 97%天然黏土+3%酸活化膨润土土壤层

(c) 94%天然黏土+6%酸活化膨润土土壤层

(d) 97%天然黏土+3%GAC土壤层

(e) 94%天然黏土+6%GAC土壤层

(f) 90%天然黏土+10%石灰土壤层

(○最终含水率　---最初含水率)

图 5.41　单层土壤系统剖面的初始含水率与最终含水率

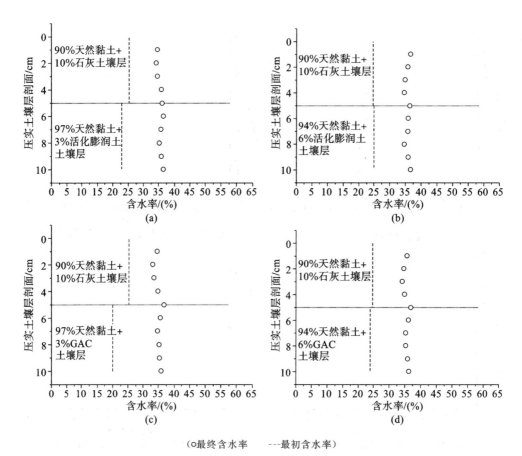

（○最终含水率　－－－最初含水率）

图 5.42　双层土壤系统剖面的初始含水率与最终含水率

表 5.9　污染物在单层天然黏土衬里、添加酸活化膨润土和 GAC 的衬里中迁移的数据

土柱剖面	衬里类型				
	天然黏土衬里	添加 3% 酸活化膨润土的衬里	添加 6% 酸活化膨润土的衬里	添加 3% GAC 的衬里	添加 6% GAC 的衬里
1 cm	55.46 mg/L	45.63 mg/L	30.42 mg/L	50.73 mg/L	42.14 mg/L
2 cm	48.52 mg/L	35.57 mg/L	19.25 mg/L	41.45 mg/L	35.23 mg/L
3 cm	43.93 mg/L	28.23 mg/L	8.16 mg/L	32.82 mg/L	28.76 mg/L
4 cm	37.45 mg/L	22.41 mg/L	5.43 mg/L	27.21 mg/L	24.43 mg/L
5 cm	33.62 mg/L	12.63 mg/L	3.55 mg/L	22.27 mg/L	17.65 mg/L
6 cm	24.54 mg/L	5.47 mg/L	1.38 mg/L	15.54 mg/L	10.72 mg/L

续表

土柱剖面	衬里类型				
	天然黏土衬里	添加3％酸活化膨润土的衬里	添加6％酸活化膨润土的衬里	添加3％GAC的衬里	添加6％GAC的衬里
7 cm	12.36 mg/L	3.02 mg/L	0.00 mg/L	6.23 mg/L	5.13 mg/L
8 cm	8.21 mg/L	0.00 mg/L	0.00 mg/L	2.15 mg/L	2.47 mg/L
9 cm	2.72 mg/L	0.00 mg/L	0.00 mg/L	0.00 mg/L	0.00 mg/L
10 cm	0.00 mg/L	0.00 mg/L	0.00 mg/L	0.00 mg/L	0.00 mg/L

表 5.10　污染物在添加 10％石灰的衬里中迁移的数据

时间/d	0	5	10	15	17	19	21	23	25	27	29
浓度/(mg/L)	0.00	0.00	0.82	1.86	2.45	3.67	4.37	5.84	6.13	6.82	6.92
时间/d	31	33	35	37	39	41	43	45	47	50	55
浓度/(mg/L)	6.68	6.32	6.27	6.14	5.62	5.37	5.07	4.79	4.15	3.96	2.86
时间/d	60	65	70	75	80	85	90	95	100	105	110
浓度/(mg/L)	2.31	1.79	1.47	1.05	0.72	0.68	0.44	0.36	0.31	0.24	0.17
时间/d	115	120	125	130							
浓度/(mg/L)	0.12	0.00	0.00	0.00							

表 5.11　Cr(Ⅵ)在双层衬里中迁移的数据

土柱剖面深度	衬里类型			
	上层:添加10％石灰的土壤 下层:添加3％酸活化膨润土的土壤	上层:添加10％石灰的土壤 下层:添加6％酸活化膨润土的土壤	上层:添加10％石灰的土壤 下层:添加3％GAC的土壤	上层:添加10％石灰的土壤 下层:添加6％GAC的土壤
1 cm	49.33 mg/L	38.82 mg/L	52.34 mg/L	47.26 mg/L
2 cm	27.52 mg/L	25.74 mg/L	31.50 mg/L	26.31 mg/L
3 cm	15.87 mg/L	16.32 mg/L	20.67 mg/L	20.64 mg/L
4 cm	10.56 mg/L	8.78 mg/L	7.83 mg/L	13.83 mg/L
5 cm	4.43 mg/L	4.87 mg/L	5.87 mg/L	6.87 mg/L

土柱剖面深度	衬里类型			
	上层:添加10%石灰的土壤 下层:添加3%酸活化膨润土的土壤	上层:添加10%石灰的土壤 下层:添加6%酸活化膨润土的土壤	上层:添加10%石灰的土壤 下层:添加3%GAC的土壤	上层:添加10%石灰的土壤 下层:添加6%GAC的土壤
6 cm	2.67 mg/L	1.55 mg/L	3.45 mg/L	3.45 mg/L
7 cm	1.46 mg/L	0.92 mg/L	2.71 mg/L	2.71 mg/L
8 cm	1.13 mg/L	0.56 mg/L	1.25 mg/L	1.15 mg/L
9 cm	0.67 mg/L	0.00 mg/L	0.85 mg/L	1.02 mg/L
10 cm	0.00 mg/L	0.00 mg/L	0.53 mg/L	0.74 mg/L

弥散系数 D 值可通过软件 VS2DI 1.2 计算得出。在数值计算的过程中,通过改变弥散系数值来使数值计算结果接近于试验数据,当数值计算结果与试验数据拟合较好时,此时所采用的弥散系数值即为所求的。污染物在单层与双层土壤系统中迁移的试验数据与数值计算结果对比如图 5.43～图 5.44 所示,不同土壤材料的弥散系数值如表 5.12～表 5.13 所示。

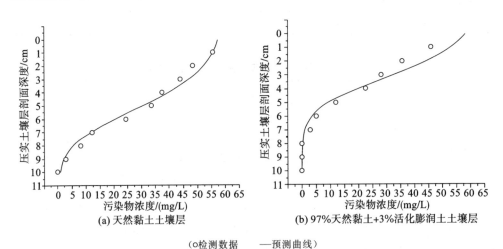

(a) 天然黏土土壤层　　　　(b) 97%天然黏土+3%活化膨润土土壤层

(○检测数据　　——预测曲线)

图 5.43　Cr(Ⅵ)在单层土壤系统中迁移的情况

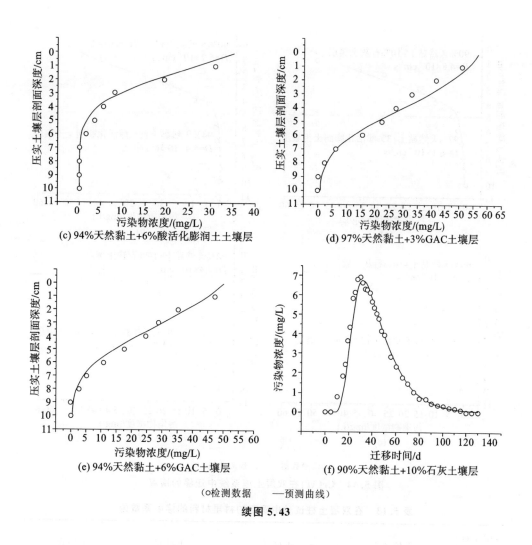

(c) 94%天然黏土+6%酸活化膨润土土壤层

(d) 97%天然黏土+3%GAC土壤层

(e) 94%天然黏土+6%GAC土壤层

(f) 90%天然黏土+10%石灰土壤层

(○检测数据　　—预测曲线)

续图 5.43

表 5.12　在单层土柱试验中确定的衬里材料的弥散系数值

衬里土壤材料	天然黏土	97%天然黏土 + 3%酸活化膨润土	94%天然黏土 + 6%酸活化膨润土	97%天然黏土 + 3%GAC	94%天然黏土 + 6%GAC	90%天然黏土 + 10%石灰
弥散系数(D) /(cm²/s)	3.0×10^{-6}	2.2×10^{-6}	6.8×10^{-6}	2.5×10^{-6}	8.3×10^{-6}	6.4×10^{-4}

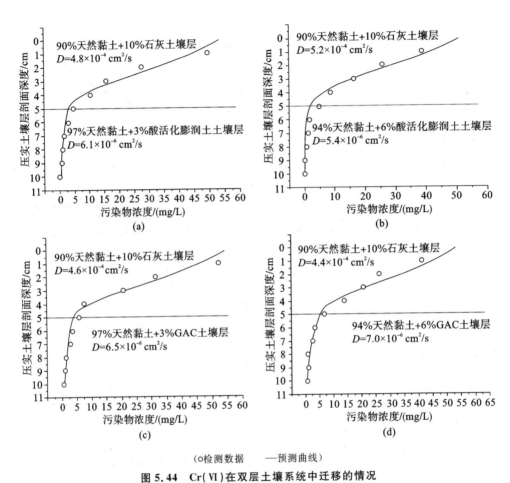

(○检测数据　——预测曲线)

图 5.44　Cr(Ⅵ)在双层土壤系统中迁移的情况

表 5.13　在双层土柱试验中确定的衬里材料的弥散系数值

双层土柱试验	土柱Ⅰ		土柱Ⅱ		土柱Ⅲ		土柱Ⅳ	
衬里土壤材料	90%天然黏土+10%石灰	97%天然黏土+3%酸活化膨润土	90%天然黏土+10%石灰	94%天然黏土+6%酸活化膨润土	90%天然黏土+10%石灰	97%天然黏土+3%GAC	90%天然黏土+10%石灰	94%天然黏土+6%GAC
弥散系数（D）/(cm²/s)	4.8×10^{-4}	6.1×10^{-6}	5.2×10^{-4}	5.4×10^{-6}	4.6×10^{-4}	6.5×10^{-6}	4.4×10^{-4}	7.0×10^{-6}

由图 5.43～图 5.44 可知,Cr(Ⅵ)在单层与双层土壤系统中迁移的试验数据与数值预测曲线拟合得较好,说明在数值预测中采用的弥散系数值能合理地表征污染物在土壤系统的弥散特性。Cr(Ⅵ)在单层黏土中迁移的弥散系数 D 为 3.0×10^{-6} cm^2/s;在添加 3%、6%酸活化膨润土的单层黏土中,Cr(Ⅵ)的 D 值分别为 2.2×10^{-6} cm^2/s 和 6.8×10^{-6} cm^2/s;Cr(Ⅵ)在 97%、94%天然黏土加 3%、6% GAC 的单层土壤中的 D 值分别为 2.5×10^{-6} cm^2/s 和 8.3×10^{-6} cm^2/s,可见 Cr(Ⅵ)在天然黏土以及天然黏土与吸附剂的混合物中迁移的弥散系数基本在 10^{-6} cm^2/s 的量级上。然而,对于 Cr(Ⅵ)在 90%天然黏土与 10%石灰组成的单层土壤中的迁移,其弥散系数 D 为 6.4×10^{-4} cm^2/s。在双层土壤系统中,对于添加了 3%、6%活化膨润土的下层土壤,其 D 值分别为 6.1×10^{-6} cm^2/s 和 5.4×10^{-6} cm^2/s;对于添加了 3%、6% GAC 的下层土壤,其 D 值分别为 6.5×10^{-6} cm^2/s 和 7.0×10^{-6} cm^2/s,比天然黏土的 D 值大约提高了 1 倍。Cr(Ⅵ)在上层土壤中迁移的弥散系数平均为 4.75×10^{-4} cm^2/s。大量的研究表明,采用土柱试验确定的包括 Cu、Zn、Pb、Cr、Cd、Ni 等重金属在黏性土壤中迁移的弥散系数为 1.0×10^{-6} cm^2/s～12.0×10^{-6} cm^2/s。在本研究中,通过单层与双层土柱试验确定的 Cr(Ⅵ)在天然黏土和添加了吸附剂的黏土中迁移的弥散系数处于 2.2×10^{-6} cm^2/s～8.3×10^{-6} cm^2/s 的狭小范围内,这些值与参考文献中确定的重金属的弥散系数值基本相当[4]～[9]。Cr(Ⅵ)在不同土壤中迁移弥散系数的差异,可能是由于这些添加了吸附剂与石灰的土壤与天然黏土之间的土壤颗粒级配不同。另外在装填土柱时采用的压实程度的不同也是造成弥散系数差异的一个重要的因素,当土壤的压实程度较高,土壤层的渗透系数较低,土壤中的有效孔隙减少且孔道比较弯曲,污染物在土壤中弥散的能力相对减弱,土壤与吸附剂的颗粒表面对污染物质的吸附、沉淀等也对弥散系数值的确定有着一定的影响。

由表 5.9～表 5.11 所提供的 Cr(Ⅵ)在不同土壤系统中迁移的数据可知,在添加 3%或 6%吸附剂的黏性土壤中,Cr(Ⅵ)的迁移相对于未添加吸附剂的黏土,其衰减程度明显增大,迁移速度明显减慢,这说明在土壤中添加一定量的吸附剂能有效地阻止污染物的迁移,也说明颗粒活性炭和酸活化膨润土是两种比较好的吸附剂,尤其是酸活化膨润土。由以上分析可以得出,在黏性土壤衬里中添加吸附剂来提高衬里对重金属的吸附能力并进一步阻止重金属迁移的方法是可行的。

弥散系数确定的合理性在很大程度上依赖于土壤对污染物的吸附等温线形式以及污染物的浓度。当污染物的浓度较低时,土壤对污染物的吸附可以假定为线性的吸附模式。然而,在大多数垃圾渗滤液中,由于垃圾在化学与生物分解的不断作用下,污染物的浓度不断升高,此时土壤对污染物的吸附一般为非线性模式。因此,比较合理的污染物迁移方程应该是同时考虑对流、弥散与非线性吸附的形式。在本研究中,根据静态平衡吸附试验的结果,天然黏土与添加了吸附剂的黏土对Cr(Ⅵ)的吸附符合非线性的 Langmuir 等温模式,所以本研究采用污染物迁移方程(公式(5-5))来模拟污染物在土柱中的迁移是合理的。在 Langmuir 吸附模式存在的条件下,通过数值计算的方法确定准确的弥散系数值是非常困难的,因为 Langmuir 吸附模式的等温参数 b、q_m 值对弥散系数的估计会产生比较大的影响。等温参数 b、q_m 值的合理性将决定弥散系数值的可靠性。在静态平衡吸附试验中,作者发现 b、q_m 值随着土壤固体颗粒浓度的增大而呈对数性减小,但当土壤固体颗粒浓度增大到一定值时,b、q_m 值基本稳定。为了使确定的弥散系数值比较接近于土柱的实际情况,数值计算中采用的等温参数 b、q_m 值均是在临界土壤固体颗粒浓度下稳定的吸附参数值。

另外,渗滤液的收集系统常常会因为生物的聚集、化学沉淀以及沉积物等因素而出现淤堵,此时处于垃圾填埋场底部的渗滤液水头会不断上升,甚至上升至几米深[10]。然而,许多学者在进行污染物在黏性土壤中迁移的土柱试验中,大多采用比较低的渗滤液水头。在这种边界条件下确定的弥散系数值不能合理模拟场地实际情况。为了使土柱的试验结果接近于场地的实际条件以及确定弥散系数值,本研究采用了一个高为 250 cm 的渗滤液水头高度。因此,本研究通过土柱试验确定的弥散系数值比较接近于工程实际,可以作为模拟 Cr(Ⅵ)在衬里中迁移的参数。

5.4 温度梯度作用下污染物在衬里中迁移的数值分析

本章采用 Visual Fortran 开发了基于 Windows 的应用程序,该程序主要用来计算在考虑温度对土壤吸附量影响的条件下污染物迁移的一维模型。

1.热量和污染物在衬里中迁移的数值结算结果与分析

双层衬里系统 1、系统 2、系统 3 由上层为天然黏土与石灰的混合物,下层分别为天然黏土、97%天然黏土与 3%GAC 的混合物、97%天然黏土与 3%酸活化膨润土的混合物构成。

热量在双层衬里中的迁移如图 5.45 所示。在温度为 40 ℃边界条件持续作用 1 年的情况下,对于三种衬里系统,热量并没有迁移到 0.5 m 的深度,此处温度保持初始温度 10 ℃不变;当上边界的温度持续作用 5 年,对于三种双层衬里系统,在深度为 0.5 m 处,温度分别为 37.1 ℃、12.48 ℃以及 16.07 ℃;当温度持续作用 10 年,在三种衬里系统中深度为 0.5 m 处,温度均达到最大值(40 ℃),在深度为 1.0 m 处,三种衬里的温度分别达到 17.85 ℃、10.02 ℃和 10.19 ℃;当上边界的温度持续作用 30 年,三种衬里系统中的温度达到 40 ℃。以上数据说明,热量在双层衬里系统 1 中迁移的速度最快,其次为双层衬里系统3,最后为双层衬里系统2。造成这种现象的原因可能是衬里中土壤层的有效热容量以及热传导系数不同。黏土的有效热容量较小,热传导系数较大,故热量在黏土层中迁移的速度较快,反之则热量迁移速度慢。

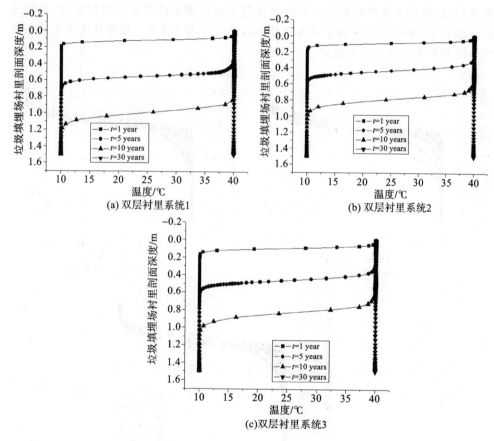

图 5.45　热量在双层衬里系统中的迁移

污染物 Cr(Ⅵ)在双层衬里系统 1、系统 2、系统 3 中的迁移如图 5.46 所示。Cr(Ⅵ)经 10 年、20 年、30 年、40 年、50 年的迁移后,在两层土壤的分界面处,双层衬里系统 1 中 Cr(Ⅵ)的浓度分别为 1.13 mg/L、3.82 mg/L、8.68 mg/L、16.15 mg/L和 25.37 mg/L;双层衬里系统 2 的 Cr(Ⅵ)浓度分别为 0.82 mg/L、1.88 mg/L、3.71 mg/L、6.91 mg/L、11.59 mg/L;双层衬里系统 3 的 Cr(Ⅵ)浓度分别为0.85 mg/L、1.98 mg/L、3.89 mg/L、7.01 mg/L、11.7 mg/L。在深度为 1 m 处,污染物迁移 50 年后,在三种衬里系统中Cr(Ⅵ)的浓度分别为 1.33 mg/L、0.54 mg/L

和 0.73 mg/L。以上数据说明,污染物在三种衬里系统中的迁移程度随着时间的延续而逐渐向土层纵深延伸。对比以上数据可以发现,污染物在双层衬里系统 1 中迁移的速度最快,对土壤的污染程度最大;其次为在下层黏土中添加酸活化膨润土的双层衬里系统 3;最慢的是双层衬里系统 2。与污染物在双层衬里系统 1 迁移程度相比,双层衬里系统 2 和系统 3 有效地延迟了污染物在衬里系统中的迁移,说明采用添加 GAC 和酸活化膨润土来改良黏土衬里的方法对延迟垃圾渗滤液中重金属污染物在衬里中的迁移是有效的。

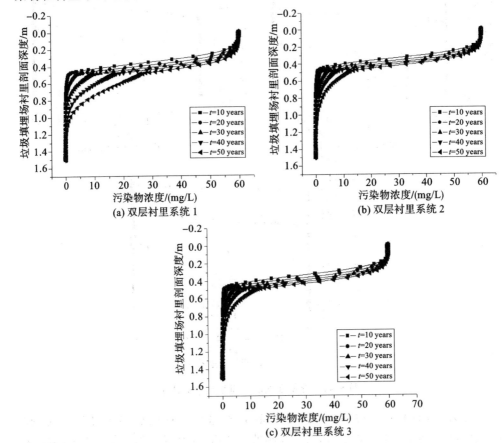

图 5.46 污染物在双层衬里系统中的迁移

2.渗滤液压力水头对污染物迁移的影响

为了研究渗滤液压力水头对污染物在双层衬里中迁移的影响,分别在压力水头为 4 m、5 m 以及 6 m 的工况下,对 Cr(Ⅵ)在衬里系统中迁移 50 年后的情况进行了分析,具体的分析结果如图 5.47 所示。

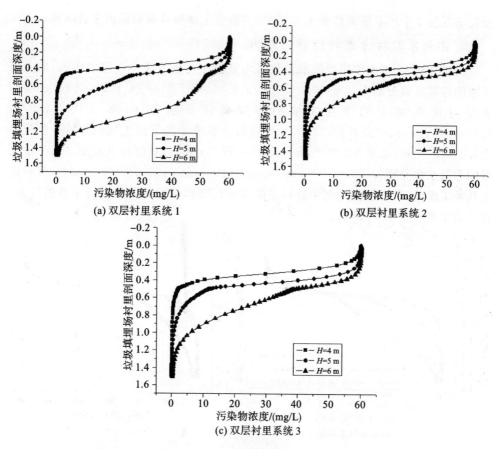

(a) 双层衬里系统 1　　　　　　　　(b) 双层衬里系统 2

(c) 双层衬里系统 3

图 5.47　不同压力水头下双层衬里系统中污染物浓度的分布

由图 5.47 可以看到,在压力水头为 4 m、5 m、6 m 的工况下,在两层土壤的交界面处,对于双层衬里系统 1,Cr(Ⅵ)的浓度分别为 2.33 mg/L、25.37 mg/L、51.41 mg/L;对于双层衬里系统 2,Cr(Ⅵ)浓度分别为 1.13 mg/L、11.59 mg/L、31.55 mg/L;对于双层衬里系统 3,Cr(Ⅵ)浓度分别为 1.81 mg/L、11.7 mg/L、38.22 mg/L。在深度为 1 m 处,双层衬里系统 1 的 Cr(Ⅵ)浓度分别为 0.08 mg/L、1.33 mg/L 和23.18 mg/L;双层衬里系统 2 的 Cr(Ⅵ)浓度分别为 0.012 mg/L、0.54 mg/L和2.72 mg/L;而双层衬里系统 3 的 Cr(Ⅵ)浓度则分别达到 0.057 mg/L、0.73 mg/L 和 4.81 mg/L。分析以上数据可以得出,双层衬里系统上边界的渗滤液压力水头对污染物在衬里中的迁移有较大的影响,随着压力水头的增高,污染物的迁移程度明显加深,其中最为明显的是双层衬里系统 1,其次为双层衬里系统 3,最后为双层衬里 2。造成双层衬里系统 2 对压力水头的变化反应相对迟钝的原因是双层衬里系统 2 中的下层天然黏土与 GAC 的混合土壤层具有较低的渗透系数。

3. 弥散系数对污染物迁移的影响

为了分析上、下土壤层的弥散系数对污染物在衬里系统中迁移的影响,取上层土壤的弥散系数分别为 2.65×10^{-4} cm²/s、4.75×10^{-4} cm²/s、7.96×10^{-4} cm²/s;双层衬里系统 1 的下层土壤的弥散系数分别为 1.02×10^{-6} cm²/s、3.0×10^{-6} cm²/s、5.12×10^{-6} cm²/s;双层衬里系统 2 的下层土壤的弥散系数分别为 3.0×10^{-6} cm²/s、6.5×10^{-6} cm²/s、9.0×10^{-6} cm²/s;双层衬里系统 3 的下层土壤的弥散系数分别为 3.2×10^{-6} cm²/s、6.1×10^{-6} cm²/s、8.0×10^{-6} cm²/s,针对以上几种工况对 Cr(Ⅵ) 迁移 50 年后衬里系统中污染物浓度的分布进行了数值计算,计算的结果如图 5.48 所示。

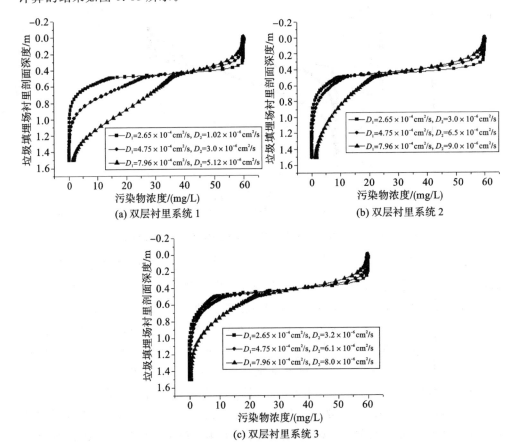

图 5.48　不同弥散系数下双层衬里系统中污染物浓度的分布

由图 5.48 可以看出,在衬里上、下土壤层的分界处,Cr(Ⅵ)的浓度随着弥散系数的增大而逐渐增大。双层衬里系统 1 的 Cr(Ⅵ)浓度由 14.19 mg/L 增加到 35.11 mg/L;双层衬里系统 2 的 Cr(Ⅵ)浓度由 9.39 mg/L 增加到 21.19 mg/L;双层衬里系统 3 的 Cr(Ⅵ)浓度由 8.41 mg/L 增加到 21.83 mg/L。另外从图 5.48 中也可以观察到 Cr(Ⅵ)在三种双层衬里系统中,上土壤层与下土壤层的迁移表现出了完全不同的规律,Cr(Ⅵ)在上土壤层的分布随着此层弥散系数的增大而减小,而在下土壤层的分布随着弥散系数的增大而增大。这种现象说明污染物在双层衬里系统中的迁移主要由下土壤的弥散系数决定:当下土壤层的弥散系数较小时,污染物在上土壤层中出现了积聚,造成了上土壤层中污染物浓度的增大;但随着下土壤层的弥散系数的增大,污染物在下土壤层中的迁移明显加快,使上土壤层中污染物容易向下土壤层中迁移,引起上土壤层中的污染物浓度减小,而下土壤层中的污染物浓度增大。

4.土壤有效热容量对污染物迁移的影响

为了分析土壤有效热容量对污染物在衬里系统中迁移的影响,采用上层土壤的有效热容量分别为 2.31 J/(cm³·℃)、3.47 J/(cm³·℃);衬里系统 1 的下层土壤的有效热容量分别为 2.96 J/(cm³·℃)、3.64 J/(cm³·℃);衬里系统 2 的下层土壤的有效热容量分别为 2.88 J/(cm³·℃)、3.49 J/(cm³·℃);衬里系统 3 的下层土壤的有效热容量分别为 2.88 J/(cm³·℃)、3.55 J/(cm³·℃)。对以上情况分别进行了计算,得出 Cr(Ⅵ)迁移 50 年后的情况如图 5.49 所示。

由图 5.49 可以得知,在衬里系统深度 0.5 m 处,随着土壤有效热容量的增大,衬里系统 1 中的 Cr(Ⅵ)的浓度由 25.37 mg/L 增大到 27.98 mg/L;衬里系统 2 中的 Cr(Ⅵ)的浓度由 11.59 mg/L 增大到 12.94 mg/L;衬里系统 3 中的 Cr(Ⅵ)的浓度由 11.7 mg/L 增大到 14.85 mg/L。分析以上数据可以得到,随着土壤有效热容量的增大,衬里中污染物的迁移程度加深。随着土壤的有效热容量的增大,热量在土壤中的迁移减慢,进而导致土壤对污染物的吸附量减小,迟滞因子减小,最终导致污染物迁移加快。另外从图 5.49 中可以观察到,随着土壤有效热容量的增大,污染物在上层土壤中的分布规律几乎保持不变,而下层土壤中污染物的迁移程度出现了略微的加深,这说明土壤有效热容量的变化对污染物在衬里系统中迁移的影响并不显著。

5.土壤热传导系数对污染物迁移的影响

为了研究土壤热传导系数对污染物迁移的影响,采用以下几种状况进行分析:衬里系统 1 的上层土壤热传导系数为 1 W/(m·℃)、1.676 W/(m·℃),下层土壤的热传导系数为 1 W/(m·℃)、1.951 W/(m·℃);衬里系统 2 的上层土壤热传导

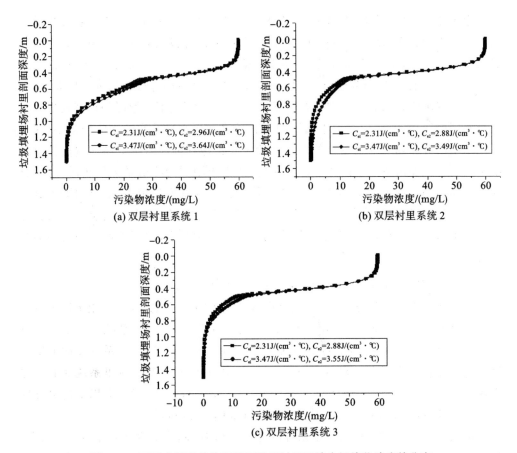

(a) 双层衬里系统 1　　　　　　　　(b) 双层衬里系统 2

(c) 双层衬里系统 3

图 5.49　不同土壤有效热容量下双层衬里系统中污染物浓度的分布

系数为 1 W/(m·℃)、1.676 W/(m·℃)，下层土壤的热传导系数为 1 W/(m·℃)、1.933 W/(m·℃)；衬里系统 3 的上层土壤热传导系数为 1 W/(m·℃)、1.676 W/(m·℃)，下层土壤的热传导系数为 1 W/(m·℃)、2.008 W/(m·℃)。对以上情况进行了计算分析，得出 Cr(Ⅵ)迁移 50 年后污染物浓度在土壤中的分布如图 5.50 所示。随着上、下层土壤的热传导系数的增大，衬里系统 1 中深度 0.5 m 处的 Cr(Ⅵ)浓度从 29.21 mg/L 减小到 25.37 mg/L；衬里系统 2 中深度 0.5 m 处的污染物浓度则由 20.97 mg/L 减小到11.59 mg/L；衬里系统 3 中深度 0.5 m 处的污染物浓度由 19.66 mg/L 减小到11.7 mg/L。以上数据说明，污染物在衬里土壤中的迁移随着土壤热传导系数的增大而减缓，这是由于随着土壤热传导系数的增大，热量在土壤中的迁移加快，造成土壤对污染物的吸附强度加大，迟滞因子增大，导致污染物迁移速率减慢。

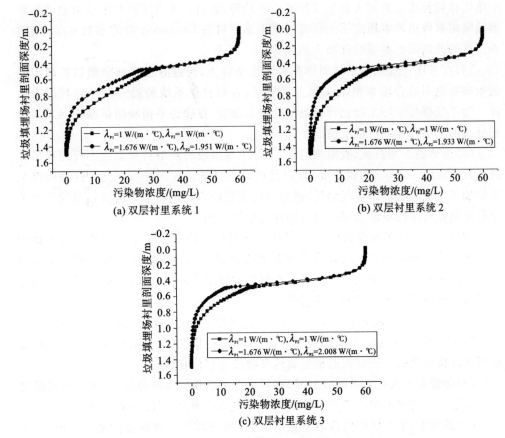

图 5.50　不同土壤热传导系数下双层衬里系统中污染物浓度的分布

5.5　本章小结

基于本章的研究,可以得出以下结论。

(1)研究中的所有衬里土壤材料对重金属的吸附量均随着土壤固体颗粒浓度的增加而减小,随着溶液温度的升高而增大,但当土壤固体颗粒浓度增加到临界值时,吸附量减小的趋势几乎停滞了。

(2)经颗粒活性炭和酸活化膨润土改良的黏土衬里与未改良的衬里相比,对重金属的吸附能力有了明显的提高,说明此种改良方法对阻止重金属在衬里中的迁移是有效的。

(3)在双对数坐标系中,所有衬里土壤材料的 Langmuir 吸附参数 q_m、b 值随着土壤固体颗粒浓度的增大而呈线性减小的趋势,但当土壤固体颗粒浓度值超过临界值后吸附参数值基本稳定了。所有衬里土壤材料的 Langmuir 吸附参数 q_m、b 值随着温度的升高而基本呈线性增大的趋势。

(4)在采用比较低的土壤固体颗粒浓度条件下,通过静态平衡吸附试验确定的吸附参数值不适合用来模拟实际工程情况,否则衬里系统的迟滞因子将被过高估计。为了获得与实际工况比较接近的吸附参数值,在静态平衡吸附试验中必须采用充分大的土壤固体颗粒浓度值。

(5)由分别添加石灰、吸附剂的上、下层土壤组成的新型衬里系统不仅能满足渗透系数 1×10^{-7} cm/s 的规范要求,而且提高了衬里系统的抗压强度。这种衬里系统增加了垃圾填埋场的填埋储量,进而节约填埋场的建造成本。这种新型衬里系统很有可能在将来的垃圾填埋场衬里的建造中被采用。

(6)Langmuir 等温参数(q_m、b)的确定会对污染物在土壤中迁移的弥散系数的估算产生较大的影响。采用数值模型预测的污染物迁移曲线与试验数据出现较好的拟合并不能说明一个准确的弥散系数值能被确定。因此,通过数值模型估算的弥散系数值仅仅接近于土壤的实际情况。

(7)在温度梯度的作用下,Cr(Ⅵ)在双层衬里中的迁移由快到慢依次为双层衬里系统 1、双层衬里系统 3、双层衬里系统 2,说明采用 GAC、酸活化膨润土这两种吸附剂去改良衬里的方法对延迟重金属污染物的迁移是有效的。

(8)随着压力水头的增大,Cr(Ⅵ)在衬里中的迁移速度明显加快,其中表现最为明显的是双层衬里系统 1,其次为双层衬里系统 3,最差为双层衬里系统 2。

(9)随着上、下土壤层的弥散系数的增大,污染物在三种双层衬里系统中上、下土壤层的分布表现出了完全不同的规律,即污染物在上土壤层的分布随着此层弥散系数的增大而减少,而在下土壤层的分布随着弥散系数的增大而扩大。这种现象说明污染物在双层衬里中的迁移主要由具有低渗透性的下土壤层决定。

(10)随着土壤有效热容量的增大,Cr(Ⅵ)在上土壤层中的分布规律几乎保持不变,下土壤层中 Cr(Ⅵ)的迁移程度表现出了略微的加深趋势,说明土壤有效热容量的变化对污染物的迁移影响并不显著。随着土壤热传导系数的增大,Cr(Ⅵ)在衬里中的迁移表现出了减缓的趋势。

本章参考文献

[1] BARTELT-HUNT S L, SMITH J A, et al. Evaluation of granular activated carbon, shale, and two organoclays for use as sorptive amendments in clay landfill liners[J]. Journal of Geotechnical and Geoenvironmental Engineering, 2005, 131(7):848-856.

[2] DANIEL D E, WU Y K. Compacted clay liners and covers for arid sites[J]. Journal Geotechnical Engineering, 1993, 119(2):223-237.

[3] SHEN Y H. Preparation of organobentonite using nonionic surfactants[J]. Chemosphere, 2001, 44(5):989-995.

[4] SHACKELFORD C D, DANIEL D E. Diffusion in saturated soil. II: results for compacted clay[J]. Journal of Geotechnical Engineering, 1991, 117(3):485-506.

[5] DU Y J, HAYASHI S, LIU S Y. Experimental study of migration of potassium ion through a two-layer soil system[J]. Enviromental Geology, 2005, 48(8):1096-1106.

[6] LAFOLIE F, HAYOT C H, SCHWEICH D. Experiments on solute transport in aggregated porous media: are diffusions within aggregates and hydrodynamic dispersion independent? [J]. Transport in Porous Media, 1997, 29(3):281-307.

[7] SAMUR M I, YAZICIGIL H. Laboratory determination of multicomponent effective diffusion coefficients for heavy metals in a compacted clay[J]. Turkish Journal of Earth Sciences, 2005, 14(1):91-103.

[8] XI Y H, REN J, HU Z X. Laboratory determination of diffusion and distribution coefficients of contaminants in clay soil[J]. 岩土工程学报, 2006, 28(3):397-402.

[9] DU Y J, LIU S Y, HAYASH S. Geoenvironmental assessment of Ariake clay for its potential use as a landfill barrier material[J]. 岩土工程学报, 2005, 27(10):1215-1221.

[10] KIM J Y, SHIN M C, PARK J R, et al. Effect of soil solids concentration in batch tests on the partition coefficients of organic pollutants in landfill liner-soil materials[J]. Journal of Material Cycles and Waste Management, 2003, 5(1):55-62.

6 结论与展望

6.1 结论

膨胀土是一种具有显著胀缩性的土体,其主要矿物成分是诸如伊利石和蒙脱石等的黏性土矿物,因此膨胀土对外界环境特别是水的变化非常敏感。膨胀土的这种性质对工程结构的安全性有重要影响,容易导致各种工程地质问题和灾害,比如造成地面开裂、滑坡、地面沉降和地基失稳等。我国是膨胀土分布最广的国家之一,在膨胀土上建造的基础建筑工程存在一些隐患,如垃圾卫生填埋场中膨胀土衬里层和覆盖层会因水分蒸发出现开裂而失效;核废料地质处置库中核废料的衰变发热会使膨胀土缓冲回填材料发生干缩变形甚至开裂,危害核废料储库的安全运营。系统地分析研究膨胀土干缩开裂特性及渗流规律,对指导膨胀土地区的工程防灾减灾具有重要的理论意义和社会意义。本书以膨胀土为研究对象,分别研究膨胀土裂隙扩展规律;研究膨胀土脱湿干燥后微观结构变化,分析其微观机理;通过室内降雨入渗试验研究裂隙膨胀土渗透特性;研究膨润土在填埋场底部衬里系统中的应用。具体结论如下。

(1)裂隙发育具有明显的尺寸效应、温度敏感性;土样均匀性影响裂隙曲线形态光滑性;土样的厚度影响裂隙发育完成所用的时间长短以及裂隙划分小区域间的距离;干湿循环次数影响裂隙分割土体破碎程度,干湿循环次数增多,裂隙条数、裂隙总长度、裂隙面积率也相应增加。

(2)在干燥过程中,膨胀土失水开裂,裂隙出现位置具有随机性,先出现主要裂隙,随后出现次要裂隙。膨胀土平面裂隙发育可分为四个阶段:①主要裂隙的发生阶段;②主要裂隙宽度扩展,次要裂隙的发生,发展阶段;③裂隙的消失及主要裂隙均匀化阶段,也可称为裂隙的"自愈"阶段;④裂隙稳定阶段。压实度低的土样比压实度高的土样表面细裂隙明显增多,土样表面主要裂隙随压实度降低有由开放向连通闭合发展的趋势。膨胀土土样初始含水率由高到低使得裂隙曲线形态由圆弧状向直线转变,主要裂隙宽度随初始含水率降低更加均匀,细微裂隙数量随初始含水率降低而增加。

(3)膨胀土原状样裂隙发育丰富,样品中存在几条交错的主要裂隙,并延伸出细小裂隙,裂隙将整个土样分割得极为破碎;重塑膨胀土土样裂隙相对发育少而简单,但内部裂隙比表面裂隙复杂。

(4)原状膨胀土土样脱湿后,土样微观结构变化剧烈,总孔隙体积急剧减小,但大孔隙所占相对比例急剧增加;土样抽气饱和后孔隙体积减小,孔隙变化主要集中在大于 1 μm 和小于 0.1 μm 的区域,饱和前后孔隙孔径分布曲线形态基本相似。

(5)不同初始含水率重塑膨胀土土样脱湿前总累计体积基本相同,随初始含水率降低,土样内部孔隙分布由一种孔径孔隙占主导向多种孔径孔隙共同主导的趋势发展;不同压实度重塑膨胀土土样脱湿前,随压实度减小,孔径分布曲线呈现单峰到多峰、峰值由低到高的发展趋势,波峰位置随着压实度减小向大孔径方向偏移,集聚体内部孔隙的大小与分布保持着相对的稳定,即压实度的变化对于土中微结构孔隙几乎没有影响,压实度升高引起的孔隙变形主要发生在黏土颗粒集聚体之间;重塑膨胀土土样在不同脱湿环境下脱湿,总孔隙累积体积随脱湿温度升高而增加,高温脱湿时土体表面和内部出现更多的微裂隙。

(6)利用黄启迪等人最近提出的孔隙分布曲线模型中的三个参数(平移量K、压缩量ξ和分散程度η)对压汞试验数据进行了分析。这个模型实质就是使用正态分布来近似模拟孔隙分布曲线,然后利用正态分布的均值和标准差作为参数来描述微观孔隙的变化规律,最终利用平移量K、压缩量ξ和分散程度η三个参数来分析脱湿环境、压实度和初始含水率的变化对于膨胀土脱湿后微观结构的影响以及演变规律。

(7)室内模拟降雨试验结果表明,膨胀土土样在脱湿开裂到不同阶段时入渗率不相同,降雨入渗试验初期入渗率随脱湿时间的增加而增加,入渗率短时间内快速衰减,在较短的时间内就开始趋于稳定;脱湿时间较长的土样经历初期快速衰减后衰减速度明显放缓,达到稳定的时间较长;不同脱湿时间土样稳定入渗率数量级相同。鉴于膨胀土裂隙发育情况的复杂性与试验结果,提出了一种结合现场裂隙图片、土体含水率和室内试验成果建立裂隙模型的方法。

(8)将膨润土应用在填埋场底部衬里系统中,进行了一系列的渗透系数、无侧限抗压强度以及土柱试验,提出一种新型衬里系统,并根据污染物迁移的数据以及数值模型估算了弥散系数。经颗粒活性炭和酸活化膨润土改良的黏土衬里与未改良的天然黏土衬里相比,对重金属的吸附能力有了明显的提高,说明此种改良方法对阻止重金属在衬里中的迁移是有效的。这种衬里系统增加了垃圾填埋场的填埋储量,进而节约了填埋场的建造成本。这种新型衬里系统很有可能在将来的垃圾填埋场衬里的建造中被采用。

6.2 应用前景和展望

本书对膨胀土裂隙、渗透特性及膨润土在填埋场底部衬里系统中的应用开展了一系列的研究，但由于膨胀土的特殊工程性质，在此次研究的基础上还有如下很多问题需要进一步研究与探讨。

（1）研究对于裂隙膨胀土内部裂隙发育的定量描述，利用三维重建技术定量描述裂隙演化规律。

（2）裂隙膨胀土在降雨入渗过程中，土体除吸水膨胀变形外，还会产生崩解及被雨水冲刷，如何在分析和计算时考虑这些因素对裂隙膨胀渗透特性的影响。

（3）膨胀土裂隙性、渗透性与微观结构有明显的关系，如何分析、建立裂隙与土体内部微观结构的定量联系。

（4）如何在工程中（如填埋场）开发膨润土的用途等，仍有大量的工作正待开展。